Life's Algorithm: Unveiling Potential through Bioinformatics

జీవన క్రమబద్ధత: బయోఇన్ఫర్మాటిక్స్ ద్వారా సామర్థ్యాలను బయటపెట్టడం

Nisha Patel

TABLE OF CONTENT

- Introduction to bioinformatics and its role in understanding life's processes.

- Explore the structure and function of DNA, the blueprint of life.

- Discuss the different types of biomolecules and their interactions.

- Image: A close-up image of a DNA double helix, representing the code of life.

- Explain the process of DNA sequencing and its advancements.

- Introduce key bioinformatics tools for analyzing genomic data.

- Discuss the challenges and ethical considerations of genetic information.

- Image: A computer screen displaying DNA sequencing data with colorful peaks and valleys.

Chapter 5: Bioinformatics in Action: Unveiling Potential   44

- Showcase real-world applications of bioinformatics in various fields.

- Discuss personalized medicine and its potential to revolutionize healthcare.

- Explore the use of bioinformatics in forensics, agriculture, and environmental science.

- Image: A doctor looking at a computer screen with a patient's genetic information, symbolizing personalized medicine.

Chapter 6: The Future of Bioinformatics: A Brave New World   52

- Discuss emerging technologies in bioinformatics, such as artificial intelligence and gene editing.

- Explore the ethical implications and societal challenges of these advancements.

- Envision the future of bioinformatics and its potential to shape human life.

- Image: A futuristic cityscape with DNA strands intertwined with technological elements, representing the future of bioinformatics.

విషయ సూచిక

అధ్యాయం1. జీవిత కోడింగ్:

- జీవిత ప్రక్రియల్ని అర్థం చేసుకోవడంలో బయోఇన్ఫర్మాటిక్స్ పాత్ర మరియు పరిచయం.
- జీవిత ప్లాన్, డీఎన్ఏ యొక్క నిర్మాణం, పనితీరు గురించి కనుగొనడం.
- వివిధ బయోమాలిక్యూళ్ల, వాటి పరస్పర చర్యల గురించి చర్చ.
- చిత్రం: జీవిత కోడ్ని సూచించే డీఎన్ఏ డబుల్ హెలిక్స్ యొక్క సన్నిహిత చిత్రం.

అధ్యాయం2. జెనోమ్ డికోడింగ్:

- డీఎన్ఏ సీక్వెన్సింగ్ ప్రక్రియ, మెరుగుదలల గురించి వివరణ.
- జెనోమిక్ డేటా విశ్లేషణ కోసం ముఖ్యమైన బయోఇన్ఫర్మాటిక్స్ సాధనాల పరిచయం.
- జన్యు సమాచారపు సవాళ్లు, నైతిక అంశాల గురించి చర్చ.
- చిత్రం: రంగుల శిఖరాలు, లోయలతో డీఎన్ఏ సీక్వెన్సింగ్ డేటా ప్రదర్శించే కంప్యూటర్ స్క్రీన్.

అధ్యాయం3. బ్లూప్రింట్ మ్యాపింగ్: జన్యువుల నుండి ప్రోటీన్ల వరకు:

- జన్యువులు, కణాల పని గుర్రాలు: ప్రోటీన్ల మధ్య సంబంధం ఎలా?
- మందుల కనిపెట్టడం, వైద్యంలో ప్రోటీన్ నిర్మాణ అంచనా గురించి చర్చ.
- జన్యు వ్యక్తీకరణ, వివిధ కణాలలో దాని నియంత్రణ భావన పరిచయం.
- చిత్రం: దాని సంక్లిష్ట నిర్మాణాన్ని హైలైట్ చేసే ప్రోటీన్ అణువు యొక్క 3D నమూనా.

అధ్యాయం4. జన్యువులకు మించి: జీవిత సింఫొనీ:

- నాన్-కోడింగ్ డీఎన్ఏ, దాని నియంత్రణ మూలకాల పాత్ర గురించి చర్చ.
- ఎపిజెనెటిక్స్ భావన పరిచయం, జన్యు వ్యక్తీకరణపై దాని ప్రభావం.
- మానవ ఆరోగ్యం, వ్యాధిపై మైక్రోబయోమ్ ప్రభావాన్ని అన్వేషణ.
- చిత్రం: డీఎన్ఏ, ఆర్ఎన్ఏ, ప్రోటీన్లు, ఇతర బయోమాలిక్యూల్లతో పరస్పర చర్య చేసే కణం యొక్క రంగుల చిత్రం.

అధ్యాయం5. కార్యాచరణలో బయోఇన్ఫర్మాటిక్స్: సామర్థ్యాల బయటపెట్టడం:

- వివిధ రంగాలలో బయోఇన్ఫర్మాటిక్స్ వాస్తవ ప్రపంచ అనువర్తనాల డెమో.

- వ్యక్తిగతీకృత వైద్యం, ఆరోగ్య సంరక్షణ విప్లవాన్ని చర్చించడం.

- ఫోరెన్సిక్స్, వ్యవసాయం, పర్యావరణ శాస్త్రంలో బయోఇన్ఫర్మాటిక్స్ ఉపయోగం.

- చిత్రం: వ్యక్తిగతీకృత వైద్యాన్ని సూచించే, రోగి యొక్క జన్యు సమాచారాన్ని కంప్యూటర్ స్క్రీన్‌పై చూస్తున్న డాక్టర్.

అధ్యాయం6. బయోఇన్ఫర్మాటిక్స్ యొక్క భవిష్యత్తు: ధైర్యమైన కొత్త ప్రపంచం:

- కృత్రిమ మేధ, జన్యు ఎడిటింగ్ వంటి బయోఇన్ఫర్మాటిక్స్‌లో కొత్త సాంకేతికతల చర్చ.

- ఈ పురోగతి యొక్క నైతిక ప్రభావాలు, సామాజిక సవాళ్లను అన్వేషణ.

- బయోఇన్ఫర్మాటిక్స్ యొక్క భవిష్యత్తును ఊహించడం, మానవ జీవితాన్ని ఆకృతీకరించడంలో దాని సామర్థ్యం.

- చిత్రం: భవిష్యత్తు నగర దృశ్యం, టెక్నాలజికల్‌తో intertwined DNA పుంజాలు, బయోఇన్ఫర్మాటిక్స్ యొక్క భవిష్యత్తును సూచిస్తుంది.

అధ్యాయం7. అందరికీ బయోఇన్ఫర్మాటిక్స్: జీవిత కోడ్‌ను ప్రజాస్వామ్యం చేయడం:

* బయోఇన్ఫర్మాటిక్స్‌ను ప్రజలకు అందుబాటులో చేసేందుకు విద్యా వనరులు, కార్యక్రమాల పరిచయం.

* బయోఇన్ఫర్మాటిక్స్ పరిశోధనలో పౌర శాస్త్రం, ప్రజా భాగస్వామ్యం యొక్క ప్రాముఖ్యత గురించి చర్చ.

* వ్యక్తులు తమ జన్యు సమాచారాన్ని బధ్యతారాహత్యంతో అర్థం చేసుకోవడానికి, ఉపయోగించడానికి వారిని సమర్థలను చేయడం.

అధ్యాయం8. జీవిత అల్గోరిథం: కోడ్‌కు మించి:

* జీవిత అల్గోరిథాన్ని అర్థం చేసుకోవడం యొక్క తాత్విక, ఉనికి ప్రభావాలపై ఆలోచన.

* బయోఇన్ఫర్మాటిక్స్, జీవశాస్త్రం, తత్వశాస్త్రం, నీతిశాస్త్రం వంటి ఇతర విభాగాల మధ్య సంబంధాన్ని చర్చించడం.

* బయోమిమిక్రీ భావనను అన్వేషించడం, ప్రకృతి యొక్క అల్గోరిథంలు ఎలా టెక్నాలజికల్ నవీకరణకు స్ఫూర్తినిస్తాయో.

* చిత్రం: జీవిత కోడ్, విశ్వం యొక్క రహస్యాల మధ్య సంబంధాన్ని సూచించే, నక్షత్రాల రాత్రి ఆకాశానికి DNA పుంజాలను కలిపే స్పైరల్ మెట్లు.

Chapter 1: The Code of Life

అధ్యాయం1. జీవిత కోడింగ్:

జీవిత ప్రక్రియల్ని అర్థం చేసుకోవడంలో బయోఇన్ఫర్మాటిక్స్ పాత్ర మరియు పరిచయం

పరిచయం

జీవితం అనేది చాలా సంక్లిష్టమైన వ్యవస్థ. ఇది అనేక రకాల అణువులు మరియు పదార్థాలతో రూపొందించబడింది, ఇవి ఒకదానితో ఒకటి సంక్లిష్టమైన మార్గాల్లో సంకర్షణ చెందుతాయి. ఈ సంక్లిష్టమైన వ్యవస్థలను అర్థం చేసుకోవడానికి, మనం జీవిత ప్రక్రియల గురించి సమాచారాన్ని సేకరించాలి మరియు విశ్లేషించాలి. ఈ సమాచారాన్ని సేకరించడానికి మరియు విశ్లేషించడానికి ఉపయోగించే శాస్త్రాన్ని బయోఇన్ఫర్మాటిక్స్ అంటారు.

బయోఇన్ఫర్మాటిక్స్ అనేది జీవశాస్త్రం మరియు సమాచార శాస్త్రం మధ్య ఒక సమీపకోణం. ఇది జీవశాస్త్రం నుండి సమాచారాన్ని సేకరించడం, నిల్వ చేయడం, విశ్లేషించడం మరియు అర్థం చేసుకోవడంపై దృష్టి పెడుతుంది. బయోఇన్ఫర్మాటిక్స్ అనేక రకాల జీవశాస్త్ర రంగాలలో ఉపయోగించబడుతుంది, వీటిలో జన్యుశాస్త్రం, జీవరసాయనశాస్త్రం, వ్యాధి నిర్ధారణ మరియు చికిత్స ఉన్నాయి.

బయోఇన్ఫర్మాటిక్స్ యొక్క పాత్ర

బయోఇన్ఫర్మాటిక్స్ జీవిత ప్రక్రియలను అర్థం చేసుకోవడంలో అనేక విధాలుగా పాత్ర పోషిస్తుంది. ఇది క్రింది వాటిని చేయడంలో సహాయపడుతుంది:

- జీవుల శరీరంలోని అణువులు మరియు పదార్థాల గురించి సమాచారాన్ని సేకరించడం మరియు విశ్లేషించడం

- జీవుల మధ్య సంకర్షణల గురించి సమాచారాన్ని సేకరించడం మరియు విశ్లేషించడం

- జీవులలో జరిగే ప్రక్రియల గురించి సమాచారాన్ని సేకరించడం మరియు విశ్లేషించడం

బయోఇన్ఫర్మాటిక్స్ యొక్క కొన్ని నిర్దిష్ట ఉపయోగాలు ఇక్కడ ఉన్నాయి:

- జన్యుశాస్త్రంలో, బయోఇన్ఫర్మాటిక్స్ జన్యువులు మరియు వాటి పాత్రల గురించి సమాచారాన్ని సేకరించడానికి మరియు విశ్లేషించడానికి ఉపయోగించబడుతుంది. ఇది కొత్త వ్యాధులను గుర్తించడానికి, చికిత్సలను అభివృద్ధి చేయడానికి మరియు వ్యాధులను నివారించడానికి సహాయపడుతుంది.

జీవిత ప్లాన్, డీఎన్ఏ యొక్క నిర్మాణం, పనితీరు గురించి కనుగొనడం

పరిచయం

జీవితం అనేది ఒక సంక్లిష్టమైన వ్యవస్థ, ఇది అనేక రకాల అణువులు మరియు పదార్థాలతో రూపొందించబడింది. ఈ అణువులు మరియు పదార్థాలు ఒకదానితో ఒకటి సంక్లిష్టమైన మార్గాల్లో సంకర్షణ చెందుతాయి, ఇది జీవితానికి అవసరమైన ప్రక్రియలను నిర్వహిస్తుంది. ఈ ప్రక్రియలలో జీవుల శరీర నిర్మాణం, పెరుగుదల మరియు అభివృద్ధి, జీవుల మధ్య సంకర్షణలు మరియు జీవులలో జరిగే రసాయన ప్రక్రియలు ఉన్నాయి.

ఈ ప్రక్రియలను అర్థం చేసుకోవడానికి, మనం జీవుల శరీరంలోని అణువులు మరియు పదార్థాల గురించి సమాచారాన్ని సేకరించాలి మరియు విశ్లేషించాలి. ఈ సమాచారాన్ని సేకరించడానికి మరియు విశ్లేషించడానికి ఉపయోగించే శాస్త్రాన్ని బయోఇన్ఫర్మాటిక్స్ అంటారు.

బయోఇన్ఫర్మాటిక్స్ అనేది జీవశాస్త్రం మరియు సమాచార శాస్త్రం మధ్య ఒక సమీపకోణం. ఇది జీవశాస్త్రం నుండి సమాచారాన్ని సేకరించడం, నిల్వ చేయడం, విశ్లేషించడం మరియు అర్థం చేసుకోవడంపై దృష్టి పెడుతుంది. బయోఇన్ఫర్మాటిక్స్ అనేక రకాల జీవశాస్త్ర రంగాలలో ఉపయోగించబడుతుంది, వీటిలో జన్యుశాస్త్రం, జీవరసాయనశాస్త్రం, వ్యాధి నిర్ధారణ మరియు చికిత్స ఉన్నాయి.

జీవిత ప్లాన్

జీవుల శరీరంలోని అణువులు మరియు పదార్థాలు ఒకదానితో ఒకటి సంకర్షణ చెందడం ద్వారా జీవిత ప్రక్రియలను నిర్వహిస్తాయి. ఈ సంకర్షణలను నియంత్రించే సమాచారం డీఎన్ఏలో ఉంది. డీఎన్ఏ అనేది జీవులలోని అతి ముఖ్యమైన అణువులలో ఒకటి, ఇది జీవిత ప్లాన్‌ను కలిగి ఉంటుంది.

డీఎన్ఏ ఒక డబుల్ హెలిక్స్ ఆకారంలో ఉంటుంది. ఈ హెలిక్స్‌లో రెండు పొడవైన పాలిమర్లు ఉంటాయి, ఇవి న్యూక్లియోటైడ్‌లతో తయారవుతాయి. న్యూక్లియోటైడ్‌లు ఒక శర్కరా, ఒక ఫాస్ఫేట్ మరియు ఒక న్యూక్లియోబేస్‌తో రూపొందించబడ్డాయి. న్యూక్లియోబేస్‌లు నాలుగు రకాలుగా ఉంటాయి: అడెనైన్ (A), థైమిన్ (T), సిటోసిన్ (C) మరియు గ్వానిన్ (G).

వివిధ బయోమాలిక్యూళ్ల, వాటి పరస్పర చర్యల గురించి చర్చ

పరిచయం

జీవులను నిర్మించే అణువులను బయోమాలిక్యూళ్లు అంటారు. ఈ బయోమాలిక్యూళ్లు ఒకదానితో ఒకటి సంకర్షణ చెందుతాయి, ఇది జీవులలో జరిగే అనేక ప్రక్రియలను నిర్వహిస్తుంది.

ఈ బయోమాలిక్యూళ్లలో కొన్ని:

- ప్రోటీన్లు: జీవులలోని అత్యంత సమృద్ధమైన బయోమాలిక్యూళ్లు ప్రోటీన్లు. ప్రోటీన్లు వివిధ రకాల పనులను నిర్వహిస్తాయి, వీటిలో జీవుల నిర్మాణం, పెరుగుదల మరియు అభివృద్ధి, జీవుల మధ్య సంకర్షణలు మరియు జీవులలో జరిగే రసాయన ప్రక్రియలు ఉన్నాయి.

- కార్బోహైడ్రేట్లు: కార్బోహైడ్రేట్లు జీవులకు ప్రధాన శక్తి వనరు. అవి జీవుల నిర్మాణం, పెరుగుదల మరియు అభివృద్ధిలో కూడా పాత్ర పోషిస్తాయి.

- లిపిడ్లు: లిపిడ్లు జీవుల కణాలకు శక్తి మరియు రక్షణను అందిస్తాయి. అవి కొన్ని జీవక్రియ ప్రక్రియలలో కూడా పాత్ర పోషిస్తాయి.

- న్యూక్లియోటిడ్లు: న్యూక్లియోటిడ్లు జీవులలో జరిగే జన్యు ప్రక్రియలలో ముఖ్యమైన పాత్ర పోషిస్తాయి.

బయోమాలిక్యూళ్ల పరస్పర చర్యలు

బయోమాలిక్యూల్స్ ఒకదానితో ఒకటి వివిధ మార్గాల్లో సంకర్షణ చెందుతాయి. ఈ సంకర్షణలు బలహీనమైన లేదా బలమైనవి కావచ్చు.

బలహీనమైన సంకర్షణలలో హైడ్రోజన్ బంధాలు, వాండర్ వాల్స్ బలాలు మరియు డైపోల్-డైపోల్ బలాలు ఉన్నాయి. ఈ సంకర్షణలు బయోమాలిక్యూల్స్‌ను ఒకదానితో ఒకటి తాత్కాలికంగా కలిసి ఉంచుతాయి.

బలమైన సంకర్షణలలో అయోనిక్ బంధాలు, డైసల్ఫైడ్ బంధాలు మరియు పెప్టైడ్ బంధాలు ఉన్నాయి. ఈ సంకర్షణలు బయోమాలిక్యూల్స్‌ను ఒకదానితో ఒకటి స్థిరంగా కలిసి ఉంచుతాయి.

బయోమాలిక్యూల్స్ పరస్పర చర్యలు జీవులలో జరిగే అనేక ప్రక్రియలకు అవసరం. ఉదాహరణకు, ప్రోటీన్లు ఒకదానితో ఒకటి పరస్పర చర్య చెందడం ద్వారా జీవుల నిర్మాణాన్ని నిర్వహిస్తాయి.

చిత్రం: జీవిత కోడ్‌ని సూచించే డీఎన్ఏ డబుల్ హెలిక్స్ యొక్క సన్నిహిత చిత్రం

పరిచయం

ఈ చిత్రం డీఎన్ఏ డబుల్ హెలిక్స్ యొక్క సన్నిహిత దృశ్యాన్ని చూపుతుంది. డీఎన్ఏ అనేది జీవులలోని అత్యంత ముఖ్యమైన అణువులలో ఒకటి, ఇది జీవిత ప్లాన్‌ను కలిగి ఉంటుంది.

డీఎన్ఏ యొక్క నిర్మాణం

డీఎన్ఏ ఒక డబుల్ హెలిక్స్ ఆకారంలో ఉంటుంది. ఈ హెలిక్స్‌లో రెండు పొడవైన పాలిమర్లు ఉంటాయి, ఇవి న్యూక్లియోటైడ్‌లతో తయారవుతాయి. న్యూక్లియోటైడ్‌లు ఒక శర్కరా, ఒక ఫాస్ఫేట్ మరియు ఒక న్యూక్లియోబేస్‌తో రూపొందించబడ్డాయి. న్యూక్లియోబేస్‌లు నాలుగు రకాలుగా ఉంటాయి: అడెనైన్ (A), థైమిన్ (T), సిటోసిన్ (C) మరియు గ్వానిన్ (G).

డీఎన్ఏ యొక్క పనితీరు

డీఎన్ఏ జీవులలో జరిగే అనేక ప్రక్రియలకు అవసరం. ఈ ప్రక్రియలలో కొన్ని:

- జన్యు సంబంధం: డీఎన్ఏ జన్యువులను కలిగి ఉంటుంది, ఇవి జీవుల లక్షణాలను నిర్ణయిస్తాయి.
- ప్రోటీన్ సంశ్లేషణ: డీఎన్ఏ ప్రోటీన్‌లను సంశ్లేషించడానికి సమాచారాన్ని అందిస్తుంది.

- జీవుల నిర్మాణం: డీఎన్ఏ జీవుల కణాలలోని స్థిరత్వాన్ని నిర్వహించడంలో సహాయపడుతుంది.

చిత్రం

ఈ చిత్రంలో, డీఎన్ఏ డబుల్ హెలిక్స్ యొక్క రెండు పోలిమర్లు ప్రకాశవంతమైన నీలం మరియు ఎరుపు రంగుల్లో చూపబడ్డాయి. న్యూక్లియోబేస్లు ఈ రెండు పోలిమర్లను కలిపి ఉంచే లింకులను సూచిస్తాయి.

జీవిత కోడ్

డీఎన్ఏ యొక్క న్యూక్లియోబేస్ల క్రమం జీవిత కోడ్‌ను కలిగి ఉంటుంది. ఈ కోడ్ ప్రోటీన్లను సంశ్లేషించడానికి సమాచారాన్ని అందిస్తుంది.

ఈ చిత్రం డీఎన్ఏ యొక్క నిర్మాణం మరియు పనితీరు యొక్క అవగాహనను అందిస్తుంది. ఇది జీవిత కోడ్ యొక్క ప్రాముఖ్యతను కూడా స్పష్టం చేస్తుంది.

Chapter 2: Decoding the Genome

అధ్యాయం2. జెనోమ్ డికోడింగ్:

డీఎన్ఏ సీక్వెన్సింగ్ ప్రక్రియ, మెరుగుదలలు

పరిచయం

డీఎన్ఏ సీక్వెన్సింగ్ అనేది డీఎన్ఏలోని న్యూక్లియోబేస్ల క్రమాన్ని నిర్ణయించే ప్రక్రియ. డీఎన్ఏ సీక్వెన్సింగ్ అనేది జీవశాస్త్రం, వైద్యం మరియు ఇతర అనేక రంగాలలో ముఖ్యమైన సాధనం.

డీఎన్ఏ సీక్వెన్సింగ్ ప్రక్రియ

డీఎన్ఏ సీక్వెన్సింగ్ ప్రక్రియ అనేక దశలను కలిగి ఉంటుంది. ఈ దశలు సాధారణంగా రెండు ప్రధాన శైలులలో నిర్వహించబడతాయి:

- సెక్వెన్సింగ్-బై-సింథెసిస్ (Sanger sequencing): ఈ శైలిలో, డీఎన్ఏ యొక్క ఒక చిన్న భాగం నుండి న్యూక్లియోబేస్లను ఒకదాని తర్వాత ఒకటిగా జోడిస్తారు. ప్రతి న్యూక్లియోబేస్ జోడించినప్పుడు, ఒక ప్రత్యేకమైన రసాయన ప్రతిస్పందన సంభవిస్తుంది. ఈ ప్రతిస్పందనను ఉపయోగించి, న్యూక్లియోబేస్ ఏమిటో నిర్ణయించవచ్చు.

- శీఘ్ర సీక్వెన్సింగ్ (NGS): ఈ శైలిలో, డీఎన్ఏ యొక్క పెద్ద భాగాన్ని ఒకేసారి సీక్వెన్స్ చేయబడుతుంది. NGS చాలా

వేగంగా మరియు తక్కువ ఖరీదైనది, కానీ అది తక్కువ ఖచ్చితత్వంతో ఉంటుంది.

డీఎన్ఏ సీక్వెన్సింగ్ మెరుగుదలలు

డీఎన్ఏ సీక్వెన్సింగ్ అనేది ఒక వేగంగా అభివృద్ధి చెందుతున్న రంగం. డీఎన్ఏ సీక్వెన్సింగ్ ప్రక్రియను మరింత వేగంగా, ఖచ్చితంగా మరియు తక్కువ ఖరీదైనదిగా చేయడానికి అనేక పరిశోధనలు జరుగుతున్నాయి.

డీఎన్ఏ సీక్వెన్సింగ్‌లోని కొన్ని ప్రధాన మెరుగుదలలు ఇక్కడ ఉన్నాయి:

- న్యూక్లియోబేస్-బేస్ పరస్పర చర్యలను పరిశీలించడానికి ఉపయోగించే కొత్త లేజర్లు మరియు సెన్సార్ల అభివృద్ధి

- డీఎన్ఏ యొక్క పెద్ద భాగాలను ఒకేసారి సీక్వెన్స్ చేయడానికి ఉపయోగించే కొత్త పద్ధతుల అభివృద్ధి

- డీఎన్ఏ యొక్క న్యూక్లియోబేస్‌లను గుర్తించడానికి ఉపయోగించే కొత్త రసాయనాల అభివృద్ధి

ఈ మెరుగుదలలు డీఎన్ఏ సీక్వెన్సింగ్‌ను మరింత సహజీకృతం చేయడానికి మరియు జీవశాస్త్రం మరియు వైద్యం రంగాలలో దాని ఉపయోగాన్ని విస్తరించడానికి సహాయపడతాయి.

జెనోమిక్ డేటా విశ్లేషణ కోసం ముఖ్యమైన బయోఇన్ఫర్మాటిక్స్ సాధనాల పరిచయం

పరిచయం

జన్యుశాస్త్రం అనేది జీవులలోని జన్యువులను అధ్యయనం చేసే శాస్త్రం. జన్యుశాస్త్రంలోని అతి ముఖ్యమైన పరిశోధన రంగాలలో ఒకటి జెనోమిక్స్. జెనోమిక్స్ అనేది జీవుల జన్యువుల సమితిని అధ్యయనం చేసే శాస్త్రం.

జెనోమిక్స్ పరిశోధనలో, జీవుల జన్యువులను సీక్వెన్స్ చేయడం, జన్యువులను గుర్తించడం మరియు జన్యువుల మధ్య సంబంధాలను అధ్యయనం చేయడం వంటివి చేయబడతాయి. ఈ పరిశోధన జీవుల ఉనికి, పరిణామం మరియు వ్యాధులను అర్థం చేసుకోవడంలో సహాయపడుతుంది.

జెనోమిక్ డేటాను విశ్లేషించడానికి, బయోఇన్ఫర్మాటిక్స్ సాధనాలు ఉపయోగించబడతాయి. బయోఇన్ఫర్మాటిక్స్ అనేది జీవశాస్త్రం మరియు సమాచార శాస్త్రం మధ్య ఒక సమీపకోణం. ఇది జీవశాస్త్రం నుండి సమాచారాన్ని సేకరించడం, నిల్వ చేయడం, విశ్లేషించడం మరియు అర్థం చేసుకోవడంపై దృష్టి పెడుతుంది.

జెనోమిక్ డేటా విశ్లేషణ కోసం బయోఇన్ఫర్మాటిక్స్ సాధనాలు

జెనోమిక్ డేటా విశ్లేషణ కోసం అనేక రకాల బయోఇన్ఫర్మాటిక్స్ సాధనాలు అందుబాటులో ఉన్నాయి. ఈ సాధనాలు జెనోమిక్ డేటాను వివిధ రకాలుగా విశ్లేషించడానికి ఉపయోగించబడతాయి.

జెనోమిక్ డేటా విశ్లేషణ కోసం కొన్ని ముఖ్యమైన బయోఇన్ఫర్మాటిక్స్ సాధనాలు ఇక్కడ ఉన్నాయి:

* జన్యువులను గుర్తించడానికి: ఈ సాధనాలు జన్యువులను గుర్తించడానికి మరియు వర్గీకరించడానికి ఉపయోగించబడతాయి.

* జన్యువుల మధ్య సంబంధాలను అధ్యయనం చేయడానికి: ఈ సాధనాలు జన్యువుల మధ్య సంబంధాలను గుర్తించడానికి మరియు అర్థం చేసుకోవడానికి ఉపయోగించబడతాయి.

* జన్యువుల ఫంక్షన్‌ను అర్థం చేసుకోవడానికి: ఈ సాధనాలు జన్యువుల ఫంక్షన్‌ను అర్థం చేసుకోవడానికి ఉపయోగించబడతాయి.

* వ్యాధులను అధ్యయనం చేయడానికి: ఈ సాధనాలు వ్యాధులకు కారణమయ్యే జన్యువులను గుర్తించడానికి మరియు అర్థం చేసుకోవడానికి ఉపయోగించబడతాయి.

జన్యు సమాచారపు సవాళ్లు, నైతిక అంశాల గురించి చర్చ

పరిచయం

జన్యుశాస్త్రం అనేది జీవులలోని జన్యువులను అధ్యయనం చేసే శాస్త్రం. జన్యుశాస్త్రంలోని అతి ముఖ్యమైన పరిశోధన రంగాలలో ఒకటి జెనోమిక్స్. జెనోమిక్స్ అనేది జీవుల జన్యువుల సమితిని అధ్యయనం చేసే శాస్త్రం.

జెనోమిక్స్ పరిశోధనలో, జీవుల జన్యువులను సీక్వెన్స్ చేయడం, జన్యువులను గుర్తించడం మరియు జన్యువుల మధ్య సంబంధాలను అధ్యయనం చేయడం వంటివి చేయబడతాయి. ఈ పరిశోధన జీవుల ఉనికి, పరిణామం మరియు వ్యాధులను అర్థం చేసుకోవడంలో సహాయపడుతుంది.

జెనోమిక్స్ పరిశోధన నుండి పొందిన జన్యు సమాచారం చాలా విలువైనది. అయితే, ఈ సమాచారంతో కూడిన కొన్ని సవాళ్లు మరియు నైతిక అంశాలు కూడా ఉన్నాయి.

జన్యు సమాచారపు సవాళ్లు

జన్యు సమాచారపు కొన్ని సవాళ్లు ఇక్కడ ఉన్నాయి:

- సమాచారం యొక్క ప్రాప్యత: జన్యు సమాచారం ప్రజలందరికీ అందుబాటులో ఉందా? లేదా, ఈ సమాచారను కేవలం కొంతమంది శాస్త్రవేత్తలు లేదా వైద్య నిపుణులకు మాత్రమే అందుబాటులో ఉంచుతారు?

- సమాచారం యొక్క ఖచ్చితత్వం: జన్యు సమాచారం ఎంత ఖచ్చితంగా ఉంటుంది? తప్పు సమాచారం వల్ల ప్రజలకు హాని కలుగుతుందా?

- సమాచారం యొక్క ఉపయోగం: జన్యు సమాచారం ఎలా ఉపయోగించబడుతుంది? ఈ సమాచారాన్ను వ్యక్తులను వేధించడానికి లేదా ప్రత్యేకించి వ్యక్తులను లక్ష్యంగా చేసుకోవడానికి ఉపయోగించవచ్చా?

జన్యు సమాచారపు నైతిక అంశాలు

జన్యు సమాచారపు కొన్ని నైతిక అంశాలు ఇక్కడ ఉన్నాయి:

- వ్యక్తిగత గోప్యత: జన్యు సమాచారం వ్యక్తిగత గోప్యతను ఉల్లంఘిస్తుందా? జన్యు సమాచారాన్ని లేకుండా వ్యక్తులను వివక్ష చేయవచ్చా?

- సమానత్వం: జన్యు సమాచారం వ్యక్తుల మధ్య సమానత్వాన్ని బెదిరిస్తుందా? జన్యు సమాచారం ఆధారంగా వ్యక్తులకు ప్రత్యేక ప్రయోజనాలు లేదా అవకాశాలు ఇవ్వబడతాయా?

- సాంకేతికత యొక్క దుర్వినియోగం: జన్యు సాంకేతికతను దుర్వినియోగం చేయవచ్చా? జన్యు సాంకేతికతను మానవులను మెరుగుపరచడానికి లేదా నియంత్రించడానికి ఉపయోగించవచ్చా?

చిత్రం: రంగుల శిఖరాలు, లోయలతో డీఎన్ఏ సీక్వెన్సింగ్ డేటా ప్రదర్శించే కంప్యూటర్ స్క్రీన్

పరిచయం

ఈ చిత్రం ఒక కంప్యూటర్ స్క్రీన్‌ను చూపుతుంది, దానిపై డీఎన్ఏ సీక్వెన్సింగ్ డేటా ప్రదర్శించబడుతుంది. డీఎన్ఏ సీక్వెన్సింగ్ అనేది డీఎన్ఏలోని న్యూక్లియోబేస్‌ల క్రమాన్ని నిర్ణయించే ప్రక్రియ.

డీఎన్ఏ సీక్వెన్సింగ్ డేటా

ఈ చిత్రంలోని డీఎన్ఏ సీక్వెన్సింగ్ డేటా నాలుగు రంగులలో ప్రదర్శించబడుతుంది:

- నీలం: అడెనైన్ (A)
- ఎరుపు: థైమిన్ (T)
- సహజీవనం: సిటోసిన్ (C)
- ఆకుపచ్చ: గ్వానిన్ (G)

డీఎన్ఏ ఒక డబుల్ హెలిక్స్ నిర్మాణంలో ఉంటుంది, కాబట్టి ఈ డేటా ఒక హెలిక్స్‌గా కూడా కనిపిస్తుంది. హెలిక్స్‌లోని శిఖరాలు అడెనైన్ మరియు థైమిన్ (A-T) జతలను సూచిస్తాయి, అయితే లోయలు సిటోసిన్ మరియు గ్వానిన్ (C-G) జతలను సూచిస్తాయి.

డీఎన్ఏ సీక్వెన్సింగ్ డేటా యొక్క ప్రాముఖ్యత

డీఎన్ఏ సీక్వెన్సింగ్ డేటా అనేక రంగాలలో ముఖ్యమైనది, వీటిలో జీవశాస్త్రం, వైద్యం మరియు పర్యావరణం ఉన్నాయి.

- **జీవశాస్త్రంలో, డీఎన్ఏ సీక్వెన్సింగ్ డేటాను ఉపయోగించి జీవుల జన్యువులను అధ్యయనం చేయవచ్చు. ఇది జీవుల ఉనికి, పరిణామం మరియు వ్యాధులను అర్థం చేసుకోవడంలో సహాయపడుతుంది.

- **వైద్యంలో, డీఎన్ఏ సీక్వెన్సింగ్ డేటాను ఉపయోగించి వ్యాధులకు కారణమయ్యే జన్యువులను గుర్తించవచ్చు. ఇది వ్యాధులను నివారించడానికి మరియు చికిత్స చేయడానికి కొత్త మార్గాలను అభివృద్ధి చేయడంలో సహాయపడుతుంది.

- **పర్యావరణంలో, డీఎన్ఏ సీక్వెన్సింగ్ డేటాను ఉపయోగించి పర్యావరణంలోని జీవులను అధ్యయనం చేయవచ్చు. ఇది పర్యావరణ మార్పుల ప్రభావాలను అర్థం చేసుకోవడంలో సహాయపడుతుంది.

చిత్రం యొక్క ప్రాముఖ్యత

ఈ చిత్రం డీఎన్ఏ సీక్వెన్సింగ్ డేటా యొక్క ప్రాముఖ్యతను ఉత్తమంగా సూచిస్తుంది. ఈ డేటా అనేక రంగాలలో ముఖ్యమైన ఆవిష్కరణలకు దారితీస్తుంది.

Chapter 3: Mapping the Blueprint: From Genes to   Proteins

అధ్యాయం3. బ్లూప్రింట్ మ్యాపింగ్: జన్యువుల నుండి ప్రోటీన్ల వరకు:

జన్యువులు, కణాల పని గుర్రాలు: ప్రోటీన్ల మధ్య సంబంధం ఎలా?

పరిచయం

జీవులలో, జన్యువులు మరియు ప్రోటీన్లు రెండూ చాలా ముఖ్యమైనవి. జన్యువులు జీవులలోని జన్యుపరమైన సమాచారాన్ని నిల్వ చేస్తాయి, అయితే ప్రోటీన్లు జీవులలోని అనేక విధులను నిర్వహిస్తాయి.

జన్యువులు

జన్యువులు అణువులు, ఇవి డీఎన్ఏ (డియోక్సిరైబోన్యూక్లియిక్ యాసిడ్) యొక్క చిన్న భాగాలు. డీఎన్ఏ ఒక డబుల్ హెలిక్స్ నిర్మాణంలో ఉంటుంది, ఇందులో రెండు పొడవైన పాలిమర్లు ఉంటాయి, ఇవి న్యూక్లియోటైడ్లతో తయారవుతాయి. న్యూక్లియోటైడ్లు ఒక శర్కరా, ఒక ఫాస్పేట్ మరియు ఒక న్యూక్లియోబేసతో రూపొందించబడతాయి. న్యూక్లియోబేసలు నాలుగు రకాలుగా ఉంటాయి: అడెనైన్ (A), థైమిన్ (T), సిటోసిన్ (C) మరియు గ్వానిన్ (G).

జన్యువులు జీవులలోని జన్యుపరమైన సమాచారాన్ని నిల్వ చేస్తాయి. ఈ సమాచారం కణాలకు ఏ ప్రోటీన్లను ఉత్పత్తి చేయాలో తెలియజేస్తుంది.

ప్రోటీన్లు

ప్రోటీన్లు అణువులు, ఇవి అమైనో ఆమ్లాలతో తయారవుతాయి. అమైనో ఆమ్లాలు ఒక కార్బాక్సిల్ గ్రూప్, ఒక అమైన్ గ్రూప్ మరియు ఒక R-గ్రూప్‌తో రూపొందించబడతాయి. R-గ్రూప్ ప్రోటీన్‌కు దాని ప్రత్యేకమైన లక్షణాలను ఇస్తుంది.

ప్రోటీన్లు జీవులలో అనేక విధులను నిర్వహిస్తాయి. కొన్ని ప్రోటీన్లు కణాల నిర్మాణంలో పాల్గొంటాయి. ఇతర ప్రోటీన్లు ఎంజైమ్‌లుగా పనిచేస్తాయి, ఇవి జీవులలో రసాయన ప్రతిచర్యలను వేగవంతం చేస్తాయి. మరికొన్ని ప్రోటీన్లు హార్మోన్‌లుగా పనిచేస్తాయి, ఇవి జీవులలో చాలా విధులను నియంత్రిస్తాయి.

జన్యువులు మరియు ప్రోటీన్ల మధ్య సంబంధం

జన్యువులు మరియు ప్రోటీన్ల మధ్య సంబంధం చాలా దగ్గరగా ఉంటుంది. జన్యువులు ప్రోటీన్లను ఉత్పత్తి చేయడానికి సమాచారాన్ని అందిస్తాయి. ఈ ప్రక్రియను జన్యుపరమైన ప్రవర్తన అంటారు.

జన్యుపరమైన ప్రవర్తన అనేది రెండు దశలలో జరుగుతుంది:

1. ట్రాన్స్‌క్రిప్షన్: ఈ దశలో, జన్యువు నుండి న్యూక్లియోబేస్‌ల క్రమం ఒక mRNA అణువుగా ట్రాన్స్‌క్రిప్ట్ చేయబడుతుంది.

మందుల కనిపెట్టడం, వైద్యంలో ప్రోటీన్ నిర్మాణ అంచనా గురించి చర్చ

పరిచయం

మందుల కనిపెట్టడం అనేది ఒక క్లిష్టమైన ప్రక్రియ, ఇది సంవత్సరాల పరిశోధన మరియు అభివృద్ధిని కలిగి ఉంటుంది. ఈ ప్రక్రియలో ఒక ముఖ్యమైన దశ ప్రోటీన్ నిర్మాణ అంచనా.

ప్రోటీన్లు జీవులలోని అనేక విధులను నిర్వహించే అణువులు. వ్యాధులకు కారణమయ్యే ప్రోటీన్లను గుర్తించడానికి మరియు వాటిని నిరోధించడానికి లేదా నాశనం చేయడానికి మందులను రూపొందించడానికి ప్రోటీన్ నిర్మాణ అంచనాను ఉపయోగించవచ్చు.

ప్రోటీన్ నిర్మాణం

ప్రోటీన్లు అమైనో ఆమ్లాలతో తయారవుతాయి. అమైనో ఆమ్లాలు ఒక కార్బాక్సిల్ గ్రూప్, ఒక అమైన్ గ్రూప్ మరియు ఒక R-గ్రూప్‌తో రూపొందించబడతాయి. R-గ్రూప్ ప్రోటీన్‌కు దాని ప్రత్యేకమైన లక్షణాలను ఇస్తుంది.

ప్రోటీన్లలలోని అమైనో ఆమ్లాల క్రమం ప్రోటీన్ యొక్క నిర్మాణాన్ని నిర్ణయిస్తుంది. ప్రోటీన్ యొక్క నిర్మాణం దాని పనితీరును నిర్ణయిస్తుంది.

ప్రోటీన్ నిర్మాణ అంచనా

ప్రోటీన్ నిర్మాణాన్ని అంచనా వేయడానికి అనేక పద్ధతులు ఉన్నాయి. ఈ పద్ధతులలలో కొన్ని:

- రేడియోక్రమిక్ స్పెక్ట్రోస్కోపీ: ఈ పద్ధతిలో, ప్రోటీన్ను రేడియోధార్మిక పదార్థంతో మార్చబడుతుంది. ఆపై, ప్రోటీన్ యొక్క రేడియోధార్మికతను కొలవడం ద్వారా దాని నిర్మాణాన్ని అంచనా వేయవచ్చు.
- న్యూక్లియైడ్ స్పెక్ట్రోస్కోపీ: ఈ పద్ధతిలో, ప్రోటీన్ యొక్క న్యూక్లియైడ్లను అధ్యయనం చేయడం ద్వారా దాని నిర్మాణాన్ని అంచనా వేయవచ్చు.
- క్రిస్టల్లోగ్రఫీ: ఈ పద్ధతిలో, ప్రోటీన్ క్రిస్టల్లను ఉత్పత్తి చేయడం ద్వారా దాని నిర్మాణాన్ని అంచనా వేయవచ్చు.

మందుల కనిపెట్టడంలో ప్రోటీన్ నిర్మాణ అంచనా యొక్క ప్రాముఖ్యత

మందుల కనిపెట్టడంలో ప్రోటీన్ నిర్మాణ అంచనా చాలా ముఖ్యమైనది. ప్రోటీన్ నిర్మాణాన్ని అర్థం చేసుకోవడం వల్ల వ్యాధులకు కారణమయ్యే ప్రోటీన్లను గుర్తించడంలో మరియు వాటిని నిరోధించడానికి లేదా నాశనం చేయడానికి మందులను రూపొందించడంలో సహాయపడుతుంది.

జన్యు వ్యక్తీకరణ, వివిధ కణాలలో దాని నియంత్రణ భావన పరిచయం

పరిచయం

జీవులలో, జన్యువులు జీవులలోని జన్యుపరమైన సమాచారాన్ని నిల్వ చేస్తాయి. ఈ సమాచారం కణాలకు ఏ ప్రోటీన్లను ఉత్పత్తి చేయాలో తెలియజేస్తుంది. ప్రోటీన్లు జీవులలో అనేక విధులను నిర్వహిస్తాయి.

జన్యువులు ప్రోటీన్లను ఉత్పత్తి చేయడానికి సమాచారాన్ని అందిస్తాయి. ఈ ప్రక్రియను జన్యుపరమైన ప్రవర్తన అంటారు.

జన్యుపరమైన ప్రవర్తన అనేది రెండు దశలలో జరుగుతుంది:

1. ట్రాన్స్క్రిప్షన్: ఈ దశలో, జన్యువు నుండి న్యూక్లియోబేస్‌ల క్రమం ఒక mRNA అణువుగా ట్రాన్స్క్రిప్ట్ చేయబడుతుంది.

2. ట్రాన్స్లేషన్: ఈ దశలో, mRNA అణువు నుండి అమైనో ఆమ్లాల క్రమం ఒక ప్రోటీన్ అణువుగా అనువదించబడుతుంది.

జన్యు వ్యక్తీకరణ నియంత్రణ

జన్యుపరమైన ప్రవర్తనను నియంత్రించడం చాలా ముఖ్యం. జన్యువు యొక్క నియంత్రణ ఎంత బలంగా ఉంటే, ఆ జన్యువు నుండి ఎక్కువ ప్రోటీన్లు ఉత్పత్తి అవుతాయి.

జన్యు వ్యక్తీకరణను నియంత్రించడానికి అనేక మార్గాలు ఉన్నాయి. ఈ మార్గాలలో కొన్ని:

- ట్రాన్స్క్రిప్షన్ నియంత్రణ: ఈ రకమైన నియంత్రణలో, mRNA అణువు యొక్క ఉత్పత్తిని నియంత్రించడం జరుగుతుంది.

- ట్రాన్స్లేషన్ నియంత్రణ: ఈ రకమైన నియంత్రణలో, ప్రోటీన్ అణువు యొక్క ఉత్పత్తిని నియంత్రించడం జరుగుతుంది.

- సెల్ఫ్-రిగ్యులేషన్: ఈ రకమైన నియంత్రణలో, జన్యువు యొక్క ఉత్పత్తిని ప్రభావితం చేసే రసాయన సంకేతాలు ఉపయోగించబడతాయి.

వివిధ కణాలలో జన్యు వ్యక్తీకరణ నియంత్రణ

వివిధ కణాలలో జన్యు వ్యక్తీకరణ నియంత్రణ భిన్నంగా ఉంటుంది. ఉదాహరణకు, ఒక కణం కొత్త కణాలను ఉత్పత్తి చేయడానికి ప్రోటీన్లను ఉత్పత్తి చేయాలని అవసరమైతే, అది జన్యువులను బలంగా నియంత్రించాలి. మరోవైపు, ఒక కణం ప్రతిస్పందనగా ప్రోటీన్లను ఉత్పత్తి చేయాలని అవసరమైతే, అది జన్యువులను మృదువుగా నియంత్రించాలి.

చిత్రం: దాని సంక్లిష్ట నిర్మాణాన్ని హైలైట్ చేసే ప్రోటీన్ అణువు యొక్క 3D నమూనా

పరిచయం

ఈ చిత్రం ఒక ప్రోటీన్ అణువు యొక్క 3D నమూనాను చూపుతుంది. ప్రోటీన్లు అమైనో ఆమ్లాలతో తయారవుతాయి. అమైనో ఆమ్లాలు ఒక కార్బాక్సిల్ గ్రూప్, ఒక అమైన్ గ్రూప్ మరియు ఒక R-గ్రూప్‌తో రూపొందించబడతాయి. R-గ్రూప్ ప్రోటీన్‌కు దాని ప్రత్యేకమైన లక్షణాలను ఇస్తుంది.

ప్రోటీన్లలోని అమైనో ఆమ్లాల క్రమం ప్రోటీన్ యొక్క నిర్మాణాన్ని నిర్ణయిస్తుంది. ప్రోటీన్ యొక్క నిర్మాణం దాని పనితీరును నిర్ణయిస్తుంది.

చిత్రం

చిత్రంలో, ప్రోటీన్ అణువు ఒక రంగురంగుల 3D నమూనాగా కనిపిస్తుంది. ప్రోటీన్ అణువు యొక్క శరీరం ఒక రంగుతో రూపొందించబడింది, మరియు అమైనో ఆమ్లాలు వివిధ రంగులతో రూపొందించబడ్డాయి.

ప్రోటీన్ అణువు యొక్క శరీరం ఒక 3D హెలిక్స్‌గా కనిపిస్తుంది. హెలిక్స్‌లోని అమైనో ఆమ్లాలు ఒకదానికొకటి బలమైన అమైడ్ బంధాలతో కలిసి ఉంటాయి. ఈ బంధాలు ప్రోటీన్ అణువుకు దాని సంక్లిష్ట నిర్మాణాన్ని ఇస్తాయి.

ప్రోటీన్ అణువు యొక్క చివరలలో, అమైనో ఆమ్లాలు వివిధ రూపాలలో కనిపిస్తాయి. ఈ రూపాలు ప్రోటీన్ అణువు యొక్క ప్రత్యేకమైన లక్షణాలను నిర్ణయిస్తాయి.

చిత్రం యొక్క ప్రాముఖ్యత

ఈ చిత్రం ప్రోటీన్ అణువుల యొక్క సంక్లిష్టమైన నిర్మాణాన్ని హైలెట్ చేస్తుంది. ప్రోటీన్ అణువులు జీవులలో అనేక విధులను నిర్వహిస్తాయి. వాటి సంక్లిష్ట నిర్మాణం ఈ విధులను ఎలా నిర్వహిస్తుందో అర్థం చేసుకోవడం ముఖ్యం.

Chapter 4: Beyond Genes: The Symphony of Life

అధ్యాయం4. జన్యువులకు మించి: జీవిత సింఫానీ:

నాన్-కోడింగ్ డీఎన్ఏ, దాని నియంత్రణ మూలకాల పాత్ర గురించి చర్చ

పరిచయం

జన్యువులు జీవులలోని జన్యుపరమైన సమాచారాన్ని నిల్వ చేస్తాయి. ఈ సమాచారం కణాలకు ఏ ప్రోటీన్లను ఉత్పత్తి చేయాలో తెలియజేస్తుంది.

జన్యువులలోని కొంత భాగం ప్రోటీన్లను ఉత్పత్తి చేయడానికి ఉపయోగించబడుతుంది. ఈ భాగాన్ని కోడింగ్ డీఎన్ఏ అంటారు.

జన్యువులలోని మిగిలిన భాగం ప్రోటీన్లను ఉత్పత్తి చేయడానికి ఉపయోగించబడదు. ఈ భాగాన్ని నాన్-కోడింగ్ డీఎన్ఏ అంటారు.

నాన్-కోడింగ్ డీఎన్ఏ అనేక విధులను నిర్వహిస్తుంది. ఈ విధులలో ఒకటి నియంత్రణ మూలకాలను కలిగి ఉండటం.

నాన్-కోడింగ్ డీఎన్ఏ నియంత్రణ మూలకాలు

నాన్-కోడింగ్ డీఎన్ఏ నియంత్రణ మూలకాలు అనేవి జన్యువుల యొక్క ఉత్పత్తిని నియంత్రించడానికి ఉపయోగించే ప్రాంతాలు. ఈ మూలకాలు వివిధ రకాలైనవి.

కొన్ని నియంత్రణ మూలకాలు జన్యువుల యొక్క ట్రాన్స్క్రిప్షన్ను నియంత్రిస్తాయి. ట్రాన్స్క్రిప్షన్ అనేది జన్యువు యొక్క న్యూక్లియోబేస్ల క్రమాన్ని mRNA అణువుగా మార్చే ప్రక్రియ.

ఇతర నియంత్రణ మూలకాలు జన్యువుల యొక్క ట్రాన్స్లేషన్ను నియంత్రిస్తాయి. ట్రాన్స్లేషన్ అనేది mRNA అణువు యొక్క అమైనో ఆమ్లాల క్రమాన్ని ప్రోటీన్ అణువుగా మార్చే ప్రక్రియ.

నాన్-కోడింగ్ డీఎన్ఏ నియంత్రణ మూలకాల పాత్ర

నాన్-కోడింగ్ డీఎన్ఏ నియంత్రణ మూలకాలు జీవులలో అనేక విధాలుగా ముఖ్యమైనవి. ఈ మూలకాలు జన్యువుల యొక్క ఉత్పత్తిని నియంత్రించడం ద్వారా జీవులలో అనేక విధులను నిర్దేశిస్తాయి.

ఉదాహరణకు, నియంత్రణ మూలకాలు కణాల పెరుగుదల, విభజన మరియు మరణాన్ని నియంత్రించడంలో పాల్గొంటాయి. అవి జీవులలో వ్యాధులను నిరోధించడంలో కూడా పాల్గొంటాయి.

నాన్-కోడింగ్ డీఎన్ఏ నియంత్రణ మూలకాల పరిశోధన

నాన్-కోడింగ్ డీఎన్ఏ నియంత్రణ మూలకాలపై పరిశోధన
జరుగుతోంది. ఈ పరిశోధన జీవులలో జరిగే అనేక విధులను
అర్థం చేసుకోవడంలో సహాయపడుతోంది.

ఎపిజెనెటిక్స్ భావన పరిచయం, జన్యు వ్యక్తీకరణపై దాని ప్రభావం

పరిచయం

జన్యువులు జీవులలోని జన్యుపరమైన సమాచారాన్ని నిల్వ చేస్తాయి. ఈ సమాచారం కణాలకు ఏ ప్రోటీన్లను ఉత్పత్తి చేయాలో తెలియజేస్తుంది.

జన్యువుల యొక్క న్యూక్లియోబేస్ల క్రమం (DNA నిర్మాణం) జీవులలో అనేక విధులను నిర్ణయిస్తుంది. అయితే, జన్యువుల యొక్క న్యూక్లియోబేస్ల క్రమం మారకుండా, జన్యు వ్యక్తీకరణను నియంత్రించే మార్గాలు ఉన్నాయి. ఈ మార్గాలను ఎపిజెనెటిక్స్ అంటారు.

ఎపిజెనెటిక్స్

ఎపిజెనెటిక్స్ అనేది జన్యువుల యొక్క న్యూక్లియోబేస్ల క్రమం మారకుండా, జన్యు వ్యక్తీకరణను నియంత్రించే ప్రక్రియలను అధ్యయనం చేసే శాస్త్రం.

ఎపిజెనెటిక్స్ యొక్క అనేక రకాలు ఉన్నాయి. వాటిలో కొన్ని:

* హిస్టోన్ మాడ్యులేషన్: హిస్టోన్లు అనేవి ప్రోటీన్లు, ఇవి DNA నిర్మాణాన్ని నిర్వహిస్తాయి. హిస్టోన్లను మార్చడం ద్వారా, జన్యువుల యొక్క ఉత్పత్తిని నియంత్రించవచ్చు.
* DNA మెటిలేషన్: DNA మెటిలేషన్ అనేది DNA లోని న్యూక్లియోబేస్లపై మెటాబాలిక్ సమూహలను జోడించే ప్రక్రియ. DNA మెటిలేషన్ జన్యువుల యొక్క ఉత్పత్తిని నియంత్రించడంలో పాల్గొంటుంది.

- RNA మాడ్యులేషన్: RNA అనేది DNA నుండి ఉత్పత్తి అయ్యే ఒక రకమైన డీఎన్ఏ. RNA మాడ్యులేషన్ జన్యువుల యొక్క ఉత్పత్తిని నియంత్రించడంలో పాల్గొంటుంది.

ఎపిజెనెటిక్స్ జన్యు వ్యక్తీకరణపై ఎలా ప్రభావితం చేస్తుంది?

ఎపిజెనెటిక్స్ జన్యు వ్యక్తీకరణను అనేక మార్గాల్లో ప్రభావితం చేస్తుంది. ఉదాహరణకు, ఎపిజెనెటిక్స్ జన్యువుల యొక్క ట్రాన్స్క్రిప్షన్ను (DNA నుండి mRNA ఉత్పత్తి) నియంత్రించవచ్చు. ఇది జన్యువుల యొక్క ట్రాన్స్లేషన్ ను (mRNA నుండి ప్రోటీన్ ఉత్పత్తి) కూడా నియంత్రించవచ్చు.

ఎపిజెనెటిక్స్ జన్యువుల యొక్క ఉత్పత్తిని నియంత్రించడం ద్వారా జీవులలో అనేక విధులను నిర్దేశిస్తుంది. ఉదాహరణకు, ఎపిజెనెటిక్స్ కణాల పెరుగుదల, విభజన మరియు మరణాన్ని నియంత్రించడంలో పాల్గొంటుంది.

మానవ ఆరోగ్యం, వ్యాధిపై మైక్రోబయోమ్ ప్రభావాన్ని అన్వేషణ

పరిచయం

మానవ శరీరం యొక్క అంతర్గత మరియు బాహ్య ఉపరితలాలపై అనేక రకాల సూక్ష్మజీవులు నివసిస్తున్నాయి. ఈ సూక్ష్మజీవుల సమూహాన్ని మైక్రోబయోమ్ అంటారు. మైక్రోబయోమ్‌లో బ్యాక్టీరియా, శిలీంద్రాలు, శిధిలాలు మరియు ఏకకణాలు వంటివి ఉంటాయి.

మైక్రోబయోమ్ మానవ ఆరోగ్యంపై గణనీయమైన ప్రభావాన్ని చూపుతుంది. మైక్రోబయోమ్ క్రమం మారడం వల్ల వ్యాధులు సంభవించవచ్చు.

మైక్రోబయోమ్ మానవ ఆరోగ్యంపై ప్రభావం

మైక్రోబయోమ్ మానవ ఆరోగ్యంపై అనేక విధాలుగా ప్రభావం చూపుతుంది. కొన్ని ప్రభావాలు:

- పోషణ: మైక్రోబయోమ్ పోషణను జీర్ణం చేయడంలో మరియు పోషకాలను గ్రహించడంలో సహాయపడుతుంది.

- రోగనిరోధక వ్యవస్థ: మైక్రోబయోమ్ రోగనిరోధక వ్యవస్థను అభివృద్ధి చేయడంలో మరియు నిర్వహించడంలో సహాయపడుతుంది.

- మానసిక ఆరోగ్యం: మైక్రోబయోమ్ మానసిక ఆరోగ్యంపై కూడా ప్రభావం చూపుతుంది.

వ్యాధులపై మైక్రోబయోమ్ ప్రభావం

మైక్రోబయోమ్‌లో ఏదైనా అసమతుల్యత వల్ల వ్యాధులు సంభవించవచ్చు. కొన్ని వ్యాధులు:

- జీర్ణవ్యవస్థ సంబంధిత వ్యాధులు: మైక్రోబయోమ్‌లో అసమతుల్యత వల్ల జీర్ణవ్యవస్థ సంబంధిత వ్యాధులు సంభవించవచ్చు, ఉదాహరణకు, ఇన్‌ఫ్లమేటరీ బౌవెల్ డిసీజ్ (IBD).

- రోగనిరోధక వ్యవస్థ సంబంధిత వ్యాధులు: మైక్రోబయోమ్‌లో అసమతుల్యత వల్ల రోగనిరోధక వ్యవస్థ సంబంధిత వ్యాధులు సంభవించవచ్చు, ఉదాహరణకు, అలెర్జీలు మరియు ఆటో ఇమ్యూన్ వ్యాధులు.

- మానసిక ఆరోగ్య సంబంధిత వ్యాధులు: మైక్రోబయోమ్‌లో అసమతుల్యత వల్ల మానసిక ఆరోగ్య సంబంధిత వ్యాధులు సంభవించవచ్చు, ఉదాహరణకు, ఆందోళన మరియు డిప్రెషన్.

చిత్రం: డీఎన్ఏ, ఆర్ఎన్ఏ, ప్రోటీన్లు, ఇతర బయోమాలిక్యూళ్లతో పరస్పర చర్య చేసే కణం యొక్క రంగుల చిత్రం

పరిచయం

ఈ చిత్రం ఒక కణాన్ని చూపుతుంది, ఇది డీఎన్ఏ, ఆర్ఎన్ఏ, ప్రోటీన్లు మరియు ఇతర బయోమాలిక్యూళ్లతో పరస్పర చర్య చేస్తుంది. చిత్రం రంగులతో ఉంటుంది, ప్రతి రంగు ఒక నిర్దిష్ట రకమైన బయోమాలిక్యూల్ను సూచిస్తుంది.

కణం

కణం చిత్రంలో ఒక పసుపు రంగులో ఉంటుంది. ఇది కణ యొక్క పొర, కేంద్రకం మరియు ఇతర ముఖ్యమైన నిర్మాణాలను కలిగి ఉంటుంది.

డీఎన్ఏ

డీఎన్ఏ చిత్రంలో నీలం రంగులో ఉంటుంది. ఇది కేంద్రకంలో ఉంటుంది మరియు జన్యు సమాచారాన్ని నిల్వ చేస్తుంది.

ఆర్ఎన్ఏ

ఆర్ఎన్ఏ చిత్రంలో ఎరుపు రంగులో ఉంటుంది. ఇది డీఎన్ఏ నుండి ప్రోటీన్లను ఉత్పత్తి చేయడానికి ఉపయోగించబడుతుంది.

ప్రోటీన్లు

పొరోటీన్లు చిత్రంలో తెలుపు రంగులో ఉంటాయి. ఇవి కణాల నిర్మాణాన్ని నిర్వహించడానికి, ఎంజైమ్‌లుగా పనిచేయడానికి మరియు ఇతర ముఖ్యమైన విధులను నిర్వహించడానికి ఉపయోగించబడతాయి.

ఇతర బయోమాలిక్యూల్‌లు

చిత్రంలో ఇతర బయోమాలిక్యూల్‌లు కూడా ఉన్నాయి, అవి చిన్న, రంగురహిత గుండ్రని బిందువులుగా కనిపిస్తాయి. ఈ బిందువులు గ్లూకోజ్, ATP మరియు ఇతర పోషకాల వంటి వివిధ రకాల అణువులను సూచిస్తాయి.

పరస్పర చర్యలు

చిత్రంలో, డీఎన్ఏ, ఆర్ఎన్ఏ మరియు పొరోటీన్లు కలిసి పనిచేస్తూ కణం యొక్క వివిధ విధులను నిర్వహిస్తున్నాయి. ఉదాహరణకు, డీఎన్ఏ ఆర్ఎన్ఏను ఉత్పత్తి చేయడానికి ఉపయోగించబడుతుంది, ఆర్ఎన్ఏ పొరోటీన్లను ఉత్పత్తి చేయడానికి ఉపయోగించబడుతుంది మరియు పొరోటీన్లు కణాల నిర్మాణాన్ని నిర్వహించడానికి మరియు ఇతర ముఖ్యమైన విధులను నిర్వహించడానికి ఉపయోగించబడతాయి.

చిత్రం యొక్క పొరాముఖ్యత

ఈ చిత్రం కణం యొక్క సంక్లిష్టమైన నిర్మాణం మరియు పనితీరును అర్థం చేసుకోవడంలో సహాయపడుతుంది. ఇది విద్యార్థులు మరియు శాస్త్రవేత్తలకు కణాలను అధ్యయనం చేయడానికి మరియు అర్థం చేసుకోవడానికి సహాయపడుతుంది.

Chapter 5: Bioinformatics in Action: Unveiling Potential

అధ్యాయం5. కార్యాచరణలో బయోఇన్ఫర్మాటిక్స్: సామర్థ్యాల బయటపెట్టడం:

వివిధ రంగాలలో బయోఇన్ఫర్మాటిక్స్ వాస్తవ ప్రపంచ అనువర్తనాల డెమో

పరిచయం

బయోఇన్ఫర్మాటిక్స్ అనేది జీవశాస్త్రం మరియు సమాచార శాస్త్రాల మధ్య అంతర్ప్రాంతం. ఇది జీవశాస్త్రపరమైన సమాచారాన్ని సేకరించడం, నిల్వ చేయడం, విశ్లేషించడం మరియు అర్థం చేసుకోవడంలో సహాయపడే సాంకేతికతలు మరియు పద్ధతులను అభివృద్ధి చేస్తుంది.

బయోఇన్ఫర్మాటిక్స్ అనేక విభిన్న రంగాలలో ఉపయోగించబడుతుంది, వీటిలో వైద్యం, పశువైద్యం, పరిశోధన మరియు పరిశ్రమ ఉన్నాయి.

వైద్యంలో బయోఇన్ఫర్మాటిక్స్ అనువర్తనాలు

వైద్యంలో, బయోఇన్ఫర్మాటిక్స్ అనేక విభిన్న అనువర్తనాలను కలిగి ఉంది. కొన్ని ఉదాహరణలు:

- వ్యాధి నిర్ధారణ: బయోఇన్ఫర్మాటిక్స్ వైద్యులు వ్యాధిని సరిగ్గా నిర్ధారించడానికి సహాయపడుతుంది. ఉదాహరణకు, బయోఇన్ఫర్మాటిక్సును వ్యాధి లక్షణాలను గుర్తించడానికి లేదా వ్యాధిని కలిగించే జన్యువులను గుర్తించడానికి ఉపయోగించవచ్చు.

- చికిత్స: బయోఇన్ఫర్మాటిక్స్ వైద్యులు మరింత ప్రభావవంతమైన చికిత్సలను అభివృద్ధి చేయడంలో సహాయపడుతుంది. ఉదాహరణకు, బయోఇన్ఫర్మాటిక్సును కొత్త మందులను అభివృద్ధి చేయడానికి లేదా వ్యాధిని లక్ష్యంగా చేసుకునే చికిత్సలను రూపొందించడానికి ఉపయోగించవచ్చు.

- వ్యక్తిగతీకరించిన వైద్యం: బయోఇన్ఫర్మాటిక్స్ వైద్యులు ప్రతి రోగికి అత్యంత సరైన చికిత్సను అందించడంలో సహాయపడుతుంది. ఉదాహరణకు, బయోఇన్ఫర్మాటిక్సును రోగి జన్యువులను పరిగణనలోకి తీసుకుని చికిత్సను రూపొందించడానికి ఉపయోగించవచ్చు.

పశువైద్యంలో బయోఇన్ఫర్మాటిక్స్ అనువర్తనాలు

పశువైద్యంలో, బయోఇన్ఫర్మాటిక్స్ అనేక విభిన్న అనువర్తనాలను కలిగి ఉంది. కొన్ని ఉదాహరణలు:

- పశువైద్య నిర్ధారణ: బయోఇన్ఫర్మాటిక్స్ పశువైద్యులు పశువుల వ్యాధులను సరిగ్గా నిర్ధారించడంలో సహాయపడుతుంది. ఉదాహరణకు, బయోఇన్ఫర్మాటిక్సును పశువుల రక్త పరీక్షల ఫలితాలను విశ్లేషించడానికి లేదా పశువుల శరీరంలోని పదార్థాల స్థాయిలను పర్యవేక్షించడానికి ఉపయోగించవచ్చు.

వ్యక్తిగతీకృత వైద్యం, ఆరోగ్య సంరక్షణ విప్లవాన్ని చర్చించడం

పరిచయం

ఆరోగ్య సంరక్షణ రంగంలో, వ్యక్తిగతీకృత వైద్యం అనేది ఒక ముఖ్యమైన ధోరణి. వ్యక్తిగతీకృత వైద్యం అనేది ప్రతి రోగి యొక్క అవసరాలను అర్థం చేసుకోవడం మరియు వారి జన్యుశాస్త్రం, ఆరోగ్య చరిత్ర మరియు ఇతర అంశాల ఆధారంగా వ్యక్తిగతీకరించిన చికిత్సలను అందించడంపై దృష్టి పెడుతుంది.

వ్యక్తిగతీకృత వైద్యం ఆరోగ్య సంరక్షణలో విప్లవాన్ని సృష్టించే సామర్థ్యాన్ని కలిగి ఉంది. ఇది వ్యాధి నిర్ధారణను మెరుగుపరుస్తుంది, చికిత్సలను మరింత ప్రభావవంతంగా చేస్తుంది మరియు రోగుల ఆరోగ్య ఫలితాలను మెరుగుపరుస్తుంది.

వ్యక్తిగతీకృత వైద్యం యొక్క ప్రయోజనాలు

వ్యక్తిగతీకృత వైద్యానికి అనేక ప్రయోజనాలు ఉన్నాయి. కొన్ని ప్రయోజనాలు:

- మెరుగైన వ్యాధి నిర్ధారణ: వ్యక్తిగతీకృత వైద్యం వ్యాధిని మరింత ఖచ్చితంగా మరియు త్వరగా నిర్ధారించడంలో సహాయపడుతుంది.

- మరింత ప్రభావవంతమైన చికిత్సలు: వ్యక్తిగతీకృత వైద్యం రోగులకు మరింత ప్రభావవంతమైన చికిత్సలను అందించడంలో సహాయపడుతుంది.

- మెరుగైన రోగుల ఫలితాలు: వ్యక్తిగతీకృత వైద్యం రోగుల ఆరోగ్య ఫలితాలను మెరుగుపరచడంలో సహాయపడుతుంది.

వ్యక్తిగతీకృత వైద్యం యొక్క అవరోధాలు

వ్యక్తిగతీకృత వైద్యానికి కొన్ని అవరోధాలు కూడా ఉన్నాయి. కొన్ని అవరోధాలు:

- ఖర్చు: వ్యక్తిగతీకృత వైద్యం సాంప్రదాయిక వైద్యం కంటే ఖరీదైనదిగా ఉండవచ్చు.

- డేటా యాక్సెస్: వ్యక్తిగతీకృత వైద్యం కోసం, రోగుల నుండి పెద్ద మొత్తంలో డేటాను సేకరించాలి. ఈ డేటాను సేకరించడం మరియు విశ్లేషించడం కష్టం మరియు ఖరీదైనది కావచ్చు.

- నైపుణ్యాల లోపం: వ్యక్తిగతీకృత వైద్యం అందించడానికి, వైద్యులు మరియు ఇతర ఆరోగ్య సంరక్షణ నిపుణులకు కొత్త నైపుణ్యాలను నేర్చుకోవాల్సి ఉంటుంది.

ఫోరెన్సిక్స్, వ్యవసాయం, పర్యావరణ శాస్త్రంలో బయోఇన్ఫర్మాటిక్స్ ఉపయోగం

పరిచయం

బయోఇన్ఫర్మాటిక్స్ అనేది జీవశాస్త్రం మరియు సమాచార శాస్త్రాల మధ్య అంతర్‌ప్రాంతం. ఇది జీవశాస్త్రపరమైన సమాచారాన్ని సేకరించడం, నిల్వ చేయడం, విశ్లేషించడం మరియు అర్థం చేసుకోవడంలో సహాయపడే సాంకేతికతలు మరియు పద్ధతులను అభివృద్ధి చేస్తుంది.

ఫోరెన్సిక్స్, వ్యవసాయం మరియు పర్యావరణ శాస్త్రం వంటి అనేక రంగాలలో బయోఇన్ఫర్మాటిక్స్‌ను ఉపయోగించవచ్చు.

ఫోరెన్సిక్స్‌లో బయోఇన్ఫర్మాటిక్స్ ఉపయోగం

ఫోరెన్సిక్స్ అనేది నేరం జరిగిన సందర్భంలో సాక్ష్యాలను సేకరించడం, విశ్లేషించడం మరియు అర్థం చేసుకోవడంపై దృష్టి పెడుతుంది. బయోఇన్ఫర్మాటిక్స్ ఫోరెన్సిక్స్‌లో అనేక విధాలుగా ఉపయోగించబడుతుంది, వీటిలో:

- DNA ఫోరెన్సిక్స్: DNA ఫోరెన్సిక్స్ అనేది DNAని ఉపయోగించి నేరస్తులను గుర్తించడం. బయోఇన్ఫర్మాటిక్స్ DNA ఫోరెన్సిక్స్‌ను మరింత ఖచ్చితంగా మరియు సమర్థవంతంగా చేయడంలో సహాయపడుతుంది.

- ఫింగర్‌ప్రింట్ ఫోరెన్సిక్స్: ఫింగర్‌ప్రింట్ ఫోరెన్సిక్స్ అనేది ఫింగర్‌ప్రింట్‌లను ఉపయోగించి నేరస్తులను గుర్తించడం. బయోఇన్ఫర్మాటిక్స్ ఫింగర్‌ప్రింట్ ఫోరెన్సిక్స్‌ను మరింత సమర్థవంతంగా చేయడంలో సహాయపడుతుంది.

- కెమికల్ ఫోరెన్సిక్స్: కెమికల్ ఫోరెన్సిక్స్ అనేది కెమికల్ సాక్ష్యాలను ఉపయోగించి నేరాలను పరిష్కరించడం. బయోఇన్ఫర్మాటిక్స్ కెమికల్ ఫోరెన్సిక్స్ను మరింత ఖచ్చితంగా మరియు సమర్థవంతంగా చేయడంలో సహాయపడుతుంది.

వ్యవసాయంలో బయోఇన్ఫర్మాటిక్స్ ఉపయోగం

వ్యవసాయం అనేది ఆహారం మరియు ఇతర ఉత్పత్తులను ఉత్పత్తి చేయడంపై దృష్టి పెడుతుంది. బయోఇన్ఫర్మాటిక్స్ వ్యవసాయంలో అనేక విధాలుగా ఉపయోగించబడుతుంది, వీటిలో:

- పంటల ఉత్పాదకతను మెరుగుపరచడం: బయోఇన్ఫర్మాటిక్స్ను ఉపయోగించి, వ్యవసాయదారులు వారి పంటల ఉత్పాదకతను మెరుగుపరచడానికి సహాయపడే కొత్త పద్ధతులను అభివృద్ధి చేయవచ్చు.

చిత్రం: వ్యక్తిగతీకృత వైద్యాన్ని సూచించే, రోగి యొక్క జన్యు సమాచారాన్ని కంప్యూటర్ స్క్రీన్‌పై చూస్తున్న డాక్టర్

పరిచయం

ఈ చిత్రం ఒక డాక్టర్‌ను చూపుతుంది, అతను రోగి యొక్క జన్యు సమాచారాన్ని కంప్యూటర్ స్క్రీన్‌పై చూస్తున్నాడు. డాక్టర్ యొక్క ముఖం దృఢంగా మరియు దృఢంగా ఉంటుంది, అతను రోగి యొక్క సమాచారాన్ని జాగ్రత్తగా అధ్యయనం చేస్తున్నట్లు కనిపిస్తుంది.

చిత్రం యొక్క వివరాలు

చిత్రంలో, డాక్టర్ ఒక శుభ్రమైన, ఆధునిక వైద్యశాలలో ఉన్నాడు. అతను ఒక టేబుల్‌పై కూర్చుని, కంప్యూటర్ స్క్రీన్ పై దృష్టి పెట్టాడు. స్క్రీన్‌లో, రోగి యొక్క జన్యు సమాచారం ఒక డేటా చార్ట్‌గా ప్రదర్శించబడుతుంది.

డాక్టర్ యొక్క కుడి చేతిలో ఒక పెన్సిల్ ఉంది, అతను దానితో స్క్రీన్‌పై ఏదో రాస్తున్నాడు. అతని ఎడమ చేతిలో ఒక కప్పు కాఫీ ఉంది, అతను దానిని తాగుతున్నాడు.

చిత్రం యొక్క అర్థం

ఈ చిత్రం వ్యక్తిగతీకృత వైద్యాన్ని సూచిస్తుంది. వ్యక్తిగతీకృత వైద్యం అనేది ప్రతి రోగి యొక్క జన్యుశాస్త్రం, ఆరోగ్య చరిత్ర మరియు ఇతర అంశాల ఆధారంగా వ్యక్తిగతీకరించిన చికిత్సలను అందించడంపై దృష్టి పెడుతుంది.

ఈ చిత్రంలో, డాక్టర్ రోగి యొక్క జన్యు సమాచారాన్ని అధ్యయనం చేస్తున్నాడు. ఈ సమాచారం డాక్టర్‌కు రోగి యొక్క వ్యాధికి కారణమయ్యే జన్యువులను గుర్తించడంలో సహాయపడుతుంది. ఈ సమాచారం ఆధారంగా, డాక్టర్ రోగి యొక్క అత్యంత ప్రభావవంతమైన చికిత్సను రూపొందించగలడు.

చిత్రం యొక్క ప్రాముఖ్యత

వ్యక్తిగతీకృత వైద్యం ఆరోగ్య సంరక్షణ రంగంలో ఒక ముఖ్యమైన ధోరణిగా మారడానికి అవకాశం ఉంది. ఇది వ్యాధి నిర్ధారణను మెరుగుపరుస్తుంది, చికిత్సలను మరింత ప్రభావవంతంగా చేస్తుంది మరియు రోగుల ఆరోగ్య ఫలితాలను మెరుగుపరుస్తుంది.

ఈ చిత్రం వ్యక్తిగతీకృత వైద్యం యొక్క ప్రాముఖ్యతను నొక్కి చెబుతుంది. ఇది వైద్యులు రోగులకు అత్యంత మంచి సంభావ్య చికిత్సలను అందించడానికి ఎలా ఉపయోగించవచ్చో చూపిస్తుంది.

Chapter 6: The Future of Bioinformatics: A Brave New World

అధ్యాయం6. బయోఇన్ఫర్మాటిక్స్ యొక్క భవిష్యత్తు: ధైర్యమైన కొత్త ప్రపంచం:

కృత్రిమ మేధ, జన్యు ఎడిటింగ్ వంటి బయోఇన్ఫర్మాటిక్స్‌లో కొత్త సాంకేతికతల చర్చ

పరిచయం

బయోఇన్ఫర్మాటిక్స్ అనేది జీవశాస్త్రం మరియు సమాచార శాస్త్రాల మధ్య అంతర్ప్రాంతం. ఇది జీవశాస్త్రపరమైన సమాచారాన్ని సేకరించడం, నిల్వ చేయడం, విశ్లేషించడం మరియు అర్థం చేసుకోవడంలో సహాయపడే సాంకేతికతలు మరియు పద్ధతులను అభివృద్ధి చేస్తుంది.

బయోఇన్ఫర్మాటిక్స్‌లో అనేక కొత్త సాంకేతికతలు అభివృద్ధి చెందుతున్నాయి. ఈ సాంకేతికతలు జీవశాస్త్ర అధ్యయనం మరియు ఆరోగ్య సంరక్షణలో విప్లవాత్మక మార్పులను తీసుకురావడానికి అవకాశం ఉంది.

కృత్రిమ మేధ

కృత్రిమ మేధ (AI) అనేది మానవ మేధస్సును అనుకరించడానికి రూపొందించిన కంప్యూటర్ సాంకేతికత. AI

బయోఇన్ఫర్మాటిక్స్‌లో అనేక విధాలుగా ఉపయోగించబడుతుంది, వీటిలో:

- డేటా విశ్లేషణ: AI ను ఉపయోగించి, బయోఇన్ఫర్మాటిక్స్ పరిశోధకులు పెద్ద మొత్తంలో జీవశాస్త్రపరమైన డేటాను త్వరగా మరియు ఖచ్చితంగా విశ్లేషించవచ్చు.

- మోడలింగ్: AI ను ఉపయోగించి, బయోఇన్ఫర్మాటిక్స్ పరిశోధకులు జీవ ప్రక్రియలను మరియు వ్యాధులను మరింత ఖచ్చితంగా అర్థం చేసుకోవడానికి మోడళ్లను రూపొందించవచ్చు.

- రోగ నిర్ధారణ: AI ను ఉపయోగించి, వైద్యులు రోగులను మరింత ఖచ్చితంగా నిర్ధారించడానికి మరియు చికిత్సలను సూచించడానికి సహాయపడే సాధనాలను అభివృద్ధి చేయవచ్చు.

జన్యు ఎడిటింగ్

జన్యు ఎడిటింగ్ అనేది జన్యువులను మార్చడానికి ఉపయోగించే ప్రక్రియ. జన్యు ఎడిటింగ్ బయోఇన్ఫర్మాటిక్స్ లో అనేక విధాలుగా ఉపయోగించబడుతుంది, వీటిలో:

- రోగ నివారణ: జన్యు ఎడిటింగ్‌ను ఉపయోగించి, వ్యాధులకు కారణమయ్యే జన్యుల్ని మార్చడం ద్వారా రోగాలను నివారించడానికి వైద్యులు సహాయపడవచ్చు.

- చికిత్స: జన్యు ఎడిటింగ్‌ను ఉపయోగించి, వ్యాధిగ్రస్తులలో జన్యుల్ని మార్చడం ద్వారా చికిత్సలను మరింత ప్రభావవంతంగా చేయడానికి వైద్యులు సహాయపడవచ్చు.

కృత్రిమ మేధ, జన్యు ఎడిటింగ్ వంటి బయోఇన్ఫర్మాటిక్స్‌లో కొత్త సాంకేతికతల నైతిక ప్రభావాలు, సామాజిక సవాళ్లు

పరిచయం

బయోఇన్ఫర్మాటిక్స్‌లో కొత్త సాంకేతికతలు అభివృద్ధి చెందుతున్నాయి. ఈ సాంకేతికతలు జీవశాస్త్ర అధ్యయనం మరియు ఆరోగ్య సంరక్షణలో విప్లవాత్మక మార్పులను తీసుకురావడానికి అవకాశం ఉంది. అయితే, ఈ పురోగతి యొక్క కొన్ని నైతిక ప్రభావాలు మరియు సామాజిక సవాళ్లు కూడా ఉన్నాయి.

కృత్రిమ మేధ

కృత్రిమ మేధ (AI) బయోఇన్ఫర్మాటిక్స్‌లో అనేక విధాలుగా ఉపయోగించబడుతుంది. ఉదాహరణకు, AI ను ఉపయోగించి, బయోఇన్ఫర్మాటిక్స్ పరిశోధకులు పెద్ద మొత్తంలో జీవశాస్త్రపరమైన డేటాను త్వరగా మరియు ఖచ్చితంగా విశ్లేషించవచ్చు. AI ను ఉపయోగించి, వైద్యులు రోగులను మరింత ఖచ్చితంగా నిర్ధారించడానికి మరియు చికిత్సలను సూచించడానికి సహాయపడే సాధనాలను అభివృద్ధి చేయవచ్చు.

అయితే, AI యొక్క కొన్ని నైతిక ప్రభావాలు కూడా ఉన్నాయి. ఉదాహరణకు, AI ను ఉపయోగించి, జన్యువులను మార్చడం ద్వారా వ్యాధులను నివారించడానికి లేదా చికిత్స చేయడానికి సాధ్యమవుతుంది. అయితే, ఈ ప్రక్రియ సురక్షితంగా మరియు న్యాయంగా ఉందని నిర్ధారించడం ముఖ్యం.

AI యొక్క మరొక నైతిక సవాలు ఏమిటంటే, ఇది ఉద్యోగాలను తొలగించవచ్చు. ఉదాహరణకు, AI ను ఉపయోగించి, వైద్యులు రోగులను పరీక్షించడం లేదా చికిత్స చేయడం వంటి పనులను స్వయంచాలకంగా చేయవచ్చు. ఇది వైద్య కార్యకలాపాలలో ఉపాధి కోల్పోయే వ్యక్తుల సంఖ్యను పెంచవచ్చు.

జన్యు ఎడిటింగ్

జన్యు ఎడిటింగ్ అనేది జన్యువులను మార్చడానికి ఉపయోగించే ప్రక్రియ. జన్యు ఎడిటింగ్ బయోఇన్ఫర్మాటిక్స్ లో అనేక విధాలుగా ఉపయోగించబడుతుంది. ఉదాహరణకు, జన్యు ఎడిటింగ్ను ఉపయోగించి, వ్యాధులకు కారణమయ్యే జన్యువల్ని మార్చడం ద్వారా రోగాలను నివారించడానికి వైద్యులు సహాయపడవచ్చు.

అయితే, జన్యు ఎడిటింగ్ యొక్క కొన్ని నైతిక ప్రభావాలు కూడా ఉన్నాయి. ఉదాహరణకు, జన్యు ఎడిటింగ్ను ఉపయోగించి, మానవులను మరింత సున్నితంగా లేదా బలంగా చేయడానికి సాధ్యమవుతుంది.

బయోఇన్ఫర్మాటిక్స్ యొక్క భవిష్యత్తును ఊహించడం, మానవ జీవితాన్ని ఆకృతీకరించడంలో దాని సామర్థ్యం

పరిచయం

బయోఇన్ఫర్మాటిక్స్ అనేది జీవశాస్త్రం మరియు సమాచార శాస్త్రాల మధ్య అంతర్‌ప్రాంతం. ఇది జీవశాస్త్రపరమైన సమాచారాన్ని సేకరించడం, నిల్వ చేయడం, విశ్లేషించడం మరియు అర్థం చేసుకోవడంలో సహాయపడే సాంకేతికతలు మరియు పద్ధతులను అభివృద్ధి చేస్తుంది.

బయోఇన్ఫర్మాటిక్స్ యొక్క భవిష్యత్తు చాలా ప్రకాశవంతంగా ఉంది. ఈ సాంకేతికతలు జీవశాస్త్ర అధ్యయనం మరియు ఆరోగ్య సంరక్షణలో విప్లవాత్మక మార్పులను తీసుకురావడానికి అవకాశం ఉంది.

మానవ జీవితాన్ని ఆకృతీకరించడంలో బయోఇన్ఫర్మాటిక్స్ యొక్క సామర్థ్యం

బయోఇన్ఫర్మాటిక్స్ మానవ జీవితాన్ని అనేక విధాలుగా ఆకృతీకరించగలదు. ఉదాహరణకు, బయోఇన్ఫర్మాటిక్స్:

- వ్యాధులను నివారించడం మరియు చికిత్స చేయడంలో సహాయపడుతుంది. బయోఇన్ఫర్మాటిక్స్‌ను ఉపయోగించి, వైద్యులు వ్యాధులను మరింత ఖచ్చితంగా నిర్ధారించగలరు మరియు ప్రభావవంతమైన చికిత్సలను అభివృద్ధి చేయగలరు.

- ఆరోగ్య సంరక్షణను మరింత సమర్థవంతంగా మరియు సరసమైనదిగా చేస్తుంది. బయోఇన్ఫర్మాటిక్స్‌ను

ఉపయోగించి, వైద్యులు రోగులను మరింత ఖచ్చితంగా మరియు సమర్థవంతంగా పర్యవేక్షించగలరు.

* నూతన ఔషధాలను మరియు చికిత్సలను అభివృద్ధి చేయడంలో సహాయపడుతుంది. బయోఇన్ఫర్మాటిక్స్‌ను ఉపయోగించి, శాస్త్రవేత్తలు జీవ ప్రక్రియలను మరింత లోతుగా అర్థం చేసుకోవడానికి మరియు కొత్త ఔషధాలను మరియు చికిత్సలను రూపొందించడానికి సహాయపడే డేటాను సేకరించవచ్చు మరియు విశ్లేషించవచ్చు.

చిత్రం: భవిష్యత్తు నగర దృశ్యం, టెక్నాలజికల్తో intertwined DNA పుంజాలు, బయోఇన్ఫర్మాటిక్స్ యొక్క భవిష్యత్తును సూచిస్తుంది.

- పరిచయం
- ఈ చిత్రం ఒక భవిష్యత్తు నగర దృశ్యాన్ని చూపుతుంది. నగరం యొక్క ఆకాశాలు ఎత్తైన భవనాలు మరియు టెక్నాలజీతో నిండి ఉన్నాయి. అయితే, ఈ టెక్నాలజీ DNA పుంజాలతో ముడిపడి ఉంది.
- చిత్రం యొక్క వివరాలు
- చిత్రం యొక్క మధ్యలో, ఒక పెద్ద భవనం ఉంది. భవనం యొక్క పైన, DNA పుంజాలు ఒకరినొకరు చుట్టి ఉన్నాయి. పుంజాలు రంగులతో నిండి ఉన్నాయి, ఇవి జీవుల యొక్క విభిన్నతను సూచిస్తాయి.
- భవనం యొక్క చుట్టూ, ఇతర భవనాలు మరియు టెక్నాలజీ ఉన్నాయి. భవనాల నుండి రేడియేషన్ వస్తోంది, ఇది DNA పుంజాలను శక్తివంతం చేస్తుంది.
- చిత్రం యొక్క అర్థం
- ఈ చిత్రం బయోఇన్ఫర్మాటిక్స్ యొక్క భవిష్యత్తును సూచిస్తుంది. బయోఇన్ఫర్మాటిక్స్ అనేది జీవశాస్త్రం మరియు సమాచార శాస్త్రాల మధ్య అంతర్ఫెరాంతం. ఇది జీవశాస్త్రపరమైన సమాచారాన్ని సేకరించడం, నిల్వ చేయడం, విశ్లేషించడం మరియు అర్థం చేసుకోవడంలో సహాయపడే సాంకేతికతలు మరియు పద్ధతులను అభివృద్ధి చేస్తుంది.
- ఈ చిత్రంలో, DNA పుంజాలు జీవశాస్త్రం యొక్క సూత్రాన్ని సూచిస్తాయి. టెక్నాలజీ DNA పుంజాలను అన్వేషించడానికి మరియు వాటిని అర్థం చేసుకోవడానికి ఉపయోగించబడుతుంది.

- భవిష్యత్తులో, బయోఇన్ఫర్మాటిక్స్ వ్యాధులను నివారించడం మరియు చికిత్స చేయడంలో, ఆరోగ్య సంరక్షణను మెరుగుపరచడంలో మరియు మానవ జీవితాన్ని మెరుగుపరచడంలో ముఖ్యమైన పాత్ర పోషిస్తుంది.
- చిత్రం యొక్క శీర్షిక యొక్క అర్థం
- చిత్రం యొక్క శీర్షిక "భవిష్యత్తు నగరం దృశ్యం, టెక్నాలజికల్‌తో intertwined DNA పుంజాలు, బయోఇన్ఫర్మాటిక్స్ యొక్క భవిష్యత్తును సూచిస్తుంది". ఈ శీర్షిక చిత్రం యొక్క అర్థాన్ని సూచిస్తుంది. చిత్రం ఒక భవిష్యత్తు నగర దృశ్యాన్ని చూపుతుంది, ఇక్కడ DNA పుంజాలు మరియు టెక్నాలజీ ఒకదానితో ఒకటి కలిసి పని చేస్తాయి. ఈ కలయిక బయోఇన్ఫర్మాటిక్స్ యొక్క భవిష్యత్తును సూచిస్తుంది.

Chapter 7: Bioinformatics for Everyone: Democratizing the Code of Life

అధ్యాయం7. అందరికీ బయోఇన్ఫర్మాటిక్స్: జీవిత కోడ్‌ను ప్రజాస్వామ్యం చేయడం:

బయోఇన్ఫర్మాటిక్స్‌ను ప్రజలకు అందుబాటులో చేసేందుకు విద్యా వనరులు, కార్యక్రమాల పరిచయం

పరిచయం

బయోఇన్ఫర్మాటిక్స్ అనేది జీవశాస్త్రం మరియు సమాచార శాస్త్రాల మధ్య అంతర్‌ప్రాంతం. ఇది జీవశాస్త్రపరమైన సమాచారాన్ని సేకరించడం, నిల్వ చేయడం, విశ్లేషించడం మరియు అర్థం చేసుకోవడంలో సహాయపడే సాంకేతికతలు మరియు పద్ధతులను అభివృద్ధి చేస్తుంది.

బయోఇన్ఫర్మాటిక్స్ అనేది ఒక శక్తివంతమైన సాధనం, ఇది వ్యాధులను నివారించడం మరియు చికిత్స చేయడంలో, ఆరోగ్య సంరక్షణను మెరుగుపరచడంలో మరియు మానవ జీవితాన్ని మెరుగుపరచడంలో సహాయపడుతుంది. అయితే, బయోఇన్ఫర్మాటిక్స్‌ను అందరూ అందుబాటులో ఉంచడం ముఖ్యం.

బయోఇన్ఫర్మాటిక్స్‌ను ప్రజలకు అందుబాటులో చేసేందుకు అనేక విద్యా వనరులు మరియు కార్యక్రమాలు అందుబాటులో ఉన్నాయి. ఈ వనరులు మరియు కార్యక్రమాలు వివిధ స్థాయిల నైపుణ్యాలను కలిగిన వ్యక్తులకు బయోఇన్ఫర్మాటిక్స్‌ను అర్థం చేసుకోవడానికి మరియు ఉపయోగించడానికి సహాయపడతాయి.

విద్యా వనరులు

బయోఇన్ఫర్మాటిక్స్ను అర్థం చేసుకోవడానికి మరియు నేర్చుకోవడానికి అనేక విద్యా వనరులు అందుబాటులో ఉన్నాయి. ఈ వనరులలో కొన్ని:

- బుక్లు మరియు పత్రాలు: బయోఇన్ఫర్మాటిక్స్పై అనేక బుక్లు మరియు పత్రాలు అందుబాటులో ఉన్నాయి. ఈ వనరులు బయోఇన్ఫర్మాటిక్స్ యొక్క ప్రాథమికాల నుండి మరింత అధునాతన అంశాల వరకు కవర్ చేస్తాయి.

- ఆన్లైన్ కోర్సులు: అనేక విశ్వవిద్యాలయాలు మరియు ఇతర సంస్థలు ఆన్లైన్లో బయోఇన్ఫర్మాటిక్స్ కోర్సులను అందిస్తున్నాయి. ఈ కోర్సులు వివిధ స్థాయిల నైపుణ్యాలను కలిగిన వ్యక్తులకు అందుబాటులో ఉన్నాయి.

- మోడ్యూల్లు మరియు ట్యుటోరియల్లు: అనేక వెబ్ సైట్లు బయోఇన్ఫర్మాటిక్స్పై మోడ్యూల్లు మరియు ట్యుటోరియల్లను అందిస్తున్నాయి. ఈ వనరులు బయోఇన్ఫర్మాటిక్స్లో ప్రాథమిక అంశాలను నేర్చుకోవడానికి మంచి మార్గాలు.

బయోఇన్ఫర్మాటిక్స్ పరిశోధనలో పౌర శాస్త్రం, ప్రజా భాగస్వామ్యం యొక్క ప్రాముఖ్యత

పరిచయం

బయోఇన్ఫర్మాటిక్స్ అనేది జీవశాస్త్రం మరియు సమాచార శాస్త్రాల మధ్య అంతర్ప్రాంతం. ఇది జీవశాస్త్రపరమైన సమాచారాన్ని సేకరించడం, నిల్వ చేయడం, విశ్లేషించడం మరియు అర్థం చేసుకోవడంలో సహాయపడే సాంకేతికతలు మరియు పద్ధతులను అభివృద్ధి చేస్తుంది.

బయోఇన్ఫర్మాటిక్స్ పరిశోధన అనేది చాలా క్లిష్టమైనది మరియు సవాలుతో కూడుకున్నది. ఈ పరిశోధన విజయవంతం కావడానికి, ఇది పౌర శాస్త్రం మరియు ప్రజా భాగస్వామ్యం యొక్క ప్రాముఖ్యతను అర్థం చేసుకోవాలి.

పౌర శాస్త్రం

పౌర శాస్త్రం అనేది ప్రజలు వారి స్వంత జీవితాలను మరియు వారి సమాజాన్ని మెరుగుపరచడానికి సహాయపడే సాంకేతికతలను అభివృద్ధి చేయడంలో పాల్గొనే విధానం. ఇది ప్రజలు వారి స్వంత డేటాను సేకరించడం, విశ్లేషించడం మరియు ఉపయోగించడం నేర్చుకోవడంలో సహాయపడుతుంది.

ప్రజా భాగస్వామ్యం

ప్రజా భాగస్వామ్యం అనేది ప్రజలు ప్రభుత్వం లేదా ఇతర సంస్థల నిర్ణయాలను తీసుకోవడంలో పాల్గొనే విధానం. ఇది ప్రజలు వారి స్వంత ఆరోగ్య సంరక్షణను నిర్వహించడంలో మరియు జీవశాస్త్రపరమైన పరిశోధనలకు సహాయం చేయడంలో పాల్గొనడానికి అనుమతిస్తుంది.

బయోఇన్ఫర్మాటిక్స్ పరిశోధనలో పౌర శాస్త్రం మరియు ప్రజా భాగస్వామ్యం యొక్క ప్రాముఖ్యత

బయోఇన్ఫర్మాటిక్స్ పరిశోధనలో పౌర శాస్త్రం మరియు ప్రజా భాగస్వామ్యం యొక్క అనేక ప్రయోజనాలు ఉన్నాయి.

- పరిశోధన యొక్క న్యాయత మరియు సమానత్వాన్ని మెరుగుపరుస్తుంది. పౌర శాస్త్రం మరియు ప్రజా భాగస్వామ్యం ద్వారా, ప్రతి ఒక్కరూ పరిశోధన ప్రక్రియలో పాల్గొనే అవకాశాన్ని పొందుతారు. ఇది పరిశోధన యొక్క ఫలితాలు అందరికీ ప్రయోజనం చేకూర్చేలా సహాయపడుతుంది.

వ్యక్తులు తమ జన్యు సమాచారాన్ని బాధ్యతారాహిత్యంతో అర్థం చేసుకోవడానికి, ఉపయోగించడానికి వారిని సమర్థులను చేయడం

పరిచయం

జన్యుశాస్త్రం అనేది జీవుల శరీరంలోని జన్యువులను అధ్యయనం చేసే శాస్త్రం. జన్యువులు అనేవి ప్రతి జీవి యొక్క శారీరక లక్షణాలను నిర్ణయించే చిన్న భాగాలు. జన్యుశాస్త్రం యొక్క అభివృద్ధితో, వ్యక్తుల జన్యు సమాచారాన్ని పరీక్షించడం సాధ్యమైంది. ఈ పరీక్షల ద్వారా, వ్యక్తులకు వారి వైద్య పరిస్థితులు, జీవనశైలి ప్రమాదాలు మరియు జన్యువుల ద్వారా సంక్రమించే వ్యాధులకు గురయ్యే ప్రమాదం వంటి సమాచారాన్ని తెలుసుకోవచ్చు.

జన్యు సమాచారం అనేది చాలా శక్తివంతమైనది. దీనిని బాధ్యతారాహిత్యంతో అర్థం చేసుకోవడం మరియు ఉపయోగించడం చాలా ముఖ్యం. వ్యక్తులు తమ జన్యు సమాచారాన్ని బాధ్యతారాహిత్యంతో అర్థం చేసుకోవడానికి, ఉపయోగించడానికి వారిని సమర్థులను చేయడానికి అనేక విషయాలు చేయవచ్చు.

జన్యు సమాచారం గురించి అవగాహన పెంచడం

జన్యు సమాచారం గురించి అవగాహన పెంచుకోవడం చాలా ముఖ్యం. జన్యువులు ఏమిటి? అవి ఎలా పని చేస్తాయి? జన్యు సమాచారం నుండి ఏ సమాచారాన్ని పొందవచ్చు? వంటి ప్రశ్నలకు సమాధానం తెలుసుకోవాలి.

జన్యు సమాచారం గురించి తెలుసుకోవడానికి అనేక మార్గాలు ఉన్నాయి. పుస్తకాలు, వెబ్ సైట్లు, శిక్షణా కార్యక్రమాలు మొదలైన వాటి ద్వారా జన్యు సమాచారం గురించి తెలుసుకోవచ్చు.

జన్యు సమాచారం యొక్క సాధ్యమైన ప్రయోజనాలు మరియు ప్రమాదాల గురించి తెలుసుకోవడం

జన్యు సమాచారాన్ని ఉపయోగించడం ద్వారా అనేక ప్రయోజనాలు ఉన్నాయి. వ్యాధులను నిర్ధారించడం, చికిత్స యొక్క ప్రభావాన్ని అంచనా వేయడం, జన్యువుల ద్వారా సంక్రమించే వ్యాధులను నివారించడం మొదలైనవి జన్యు సమాచారాన్ని ఉపయోగించడం ద్వారా చేయవచ్చు.

అయితే, జన్యు సమాచారాన్ని ఉపయోగించడం ద్వారా కొన్ని ప్రమాదాలు కూడా ఉన్నాయి. జన్యు సమాచారం దుర్వినియోగం కావచ్చు, లేదా వ్యక్తులకు హానికరం కావచ్చు.

Chapter 8: The Algorithm of Life: Beyond the Code

అధ్యాయం8. జీవిత అల్గోరిథం: కోడ్‌కు మించి:

జీవిత అల్గోరిథాన్ని అర్థం చేసుకోవడం యొక్క తాత్విక, ఉనికి ప్రభావాలపై ఆలోచన

పరిచయం

జీవిత అల్గోరిథం అనేది జీవితాన్ని సృష్టించడానికి మరియు నిర్వహించడానికి బాధ్యత వహించే సూత్రాలు లేదా నియమాల సమితి. జీవిత అల్గోరిథం గురించి ఒక పూర్తి అవగాహన మనకు ఉంటే, అది మనకు చాలా తాత్విక మరియు ఉనికి ప్రభావాలను కలిగిస్తుంది.

తాత్విక ప్రభావాలు

జీవిత అల్గోరిథాన్ని అర్థం చేసుకోవడం ద్వారా, మనం జీవితం యొక్క స్వభావం మరియు ఉద్దేశ్యం గురించి మరింత తెలుసుకోగలము. మనం జీవితం ఏమిటో, అది ఎలా మొదలైంది, మరియు దాని ముగింపు ఏమిటో అర్థం చేసుకోగలము.

జీవిత అల్గోరిథం యొక్క తాత్విక ప్రభావాలలో కొన్ని:

- జీవితం యొక్క అర్థం: జీవిత అల్గోరిథం గురించి ఒక పూర్తి అవగాహన మనకు జీవితం యొక్క అర్థం గురించి మరింత లోతైన అవగాహనను అందించవచ్చు. మనం జీవితం యొక్క ఉద్దేశ్యం ఏమిటో మరియు మనం ఈ ప్రపంచంలో ఎందుకు ఉన్నామో అర్థం చేసుకోగలము.

- నైతికత: జీవిత అల్గోరిథం గురించి ఒక పూర్తి అవగాహన మన నైతిక సిద్ధాంతాలను ప్రభావితం చేయవచ్చు. మనం మంచి మరియు చెడు గురించి మరింత లోతైన అవగాహనను పొందవచ్చు మరియు మన జీవితాలను ఎలా జీవించాలో మరింత తెలివైన నిర్ణయాలు తీసుకోగలము.

- విశ్వం యొక్క స్వభావం: జీవిత అల్గోరిథం గురించి ఒక పూర్తి అవగాహన మనకు విశ్వం యొక్క స్వభావం గురించి మరింత తెలుసుకోవడంలో సహాయపడుతుంది. మనం విశ్వం ఎలా ఏర్పడింది మరియు అది ఎలా పని చేస్తుందో అర్థం చేసుకోగలము.

ఉనికి ప్రభావాలు

జీవిత అల్గోరిథాన్ని అర్థం చేసుకోవడం ద్వారా, మనం మన స్వంత జీవితాలను మరింత ఉత్తమంగా అర్థం చేసుకోగలము. మనం మన లక్ష్యాలు మరియు విలువలను స్పష్టంగా నిర్వచించుకోగలము మరియు మన జీవితాలను మరింత సంతృప్తికరంగా మార్చుకోగలము.

బయోఇన్ఫర్మాటిక్స్, జీవశాస్త్రం, తత్వశాస్త్రం, నీతిశాస్త్రం వంటి ఇతర విభాగాల మధ్య సంబంధం

పరిచయం

బయోఇన్ఫర్మాటిక్స్ అనేది జీవశాస్త్రం మరియు సమాచార శాస్త్రం యొక్క అనుసంధాన శాఖ. ఇది జీవశాస్త్రం నుండి వచ్చే సమాచారాన్ని సేకరించడం, నిల్వ చేయడం, ప్రాసెస్ చేయడం మరియు అర్థం చేసుకోవడంపై దృష్టి పెడుతుంది. బయోఇన్ఫర్మాటిక్స్ అనేక ఇతర విభాగాలతో సంబంధం కలిగి ఉంది, వీటిలో జీవశాస్త్రం, తత్వశాస్త్రం మరియు నీతిశాస్త్రం ఉన్నాయి.

బయోఇన్ఫర్మాటిక్స్ మరియు జీవశాస్త్రం

బయోఇన్ఫర్మాటిక్స్ జీవశాస్త్రం యొక్క అనేక అంశాలను అధ్యయనం చేస్తుంది, వీటిలో:

- జీవుల యొక్క జన్యువులు మరియు ప్రోటీన్ల నిర్మాణం మరియు విధులు

- జీవుల యొక్క పరిణామం

- జీవుల యొక్క వ్యాధులు మరియు వాటి చికిత్స

బయోఇన్ఫర్మాటిక్స్ జీవశాస్త్రం యొక్క ఈ అంశాలను అధ్యయనం చేయడానికి అనేక పద్ధతులను ఉపయోగిస్తుంది, వీటిలో:

- డేటాబేస్లు మరియు యంత్ర అభ్యసం

- గణాంకాలు మరియు స్టాటిస్టికల్ మోడలింగ్

- సిమ్యులేషన్ మరియు 3D ప్రాసెసింగ్

బయోఇన్ఫర్మాటిక్స్ జీవశాస్త్రం యొక్క అభివృద్ధికి చాలా ముఖ్యమైనది. ఇది జీవుల యొక్క స్వభావం మరియు పనితీరు గురించి మన అవగాహనను మెరుగుపరచడంలో సహాయపడింది.

ఉదాహరణకు, బయోఇన్ఫర్మాటిక్స్‌ను ఉపయోగించి, శాస్త్రవేత్తలు క్యాన్సర్ వంటి వ్యాధులకు కారణమయ్యే జన్యువులను గుర్తించగలిగారు.

బయోఇన్ఫర్మాటిక్స్ మరియు తత్వశాస్త్రం

బయోఇన్ఫర్మాటిక్స్ తత్వశాస్త్రం యొక్క అనేక అంశాలను కూడా అధ్యయనం చేస్తుంది, వీటిలో:

- జీవితం యొక్క స్వభావం మరియు ఉద్దేశ్యం

- మానవ గుర్తింపు

- నైతికత మరియు సమాజం

బయోఇన్ఫర్మాటిక్స్ తత్వశాస్త్రం యొక్క ఈ అంశాలను అధ్యయనం చేయడానికి అనేక పద్ధతులను ఉపయోగిస్తుంది, వీటిలో:

- డేటా విశ్లేషణ

- సిద్ధాంతం మరియు ఆలోచన

- నైతికత మరియు విలువలు

బయోమిమిక్రీ: ప్రకృతి యొక్క అల్గోరిథంల నుండి నేర్చుకోవడం

పరిచయం

బయోమిమిక్రీ అనేది ప్రకృతి యొక్క అల్గోరిథంలు మరియు నిర్మాణాల నుండి నేర్చుకోవడం మరియు వాటిని మానవ-తయారు చేయబడిన ఉత్పత్తులు మరియు వ్యవస్థలను రూపొందించడానికి ఉపయోగించడం. ఇది ఒక శక్తివంతమైన సాంకేతికత, ఇది అనేక రంగాలలో నవీకరణలకు దారితీసింది.

బయోమిమిక్రీ యొక్క ఉదాహరణలు

బయోమిమిక్రీని ఉపయోగించి రూపొందించిన అనేక ఉత్పత్తులు మరియు వ్యవస్థలు ఉన్నాయి. కొన్ని ఉదాహరణలు:

*   వెనిల్ ఫిల్మ్‌లు: వెనిల్ ఫిల్మ్‌లు అనేవి ప్రకృతిలో కనిపించే ఒక రకమైన జెల్. అవి అధిక బలం మరియు సామర్ధ్యాన్ని కలిగి ఉంటాయి మరియు అవి చాలా తక్కువ శక్తిని ఉపయోగించి ఉత్పత్తి చేయబడతాయి. వెనిల్ ఫిల్మ్‌లను ఉపయోగించి, శాస్త్రవేత్తలు మరింత బలమైన మరియు సమర్ధవంతమైన పదార్థాలను రూపొందించగలిగారు.

*   సోలార్ సెల్‌లు: సోలార్ సెల్‌లు అనేవి సూర్యుడి నుండి శక్తిని పొందడానికి ఉపయోగించే పరికరాలు. ప్రకృతిలో, ఆకులు సూర్యుడి నుండి శక్తిని పొందడానికి క్లోరోఫిల్‌ను ఉపయోగిస్తాయి. క్లోరోఫిల్ యొక్క నిర్మాణం మరియు పనితీరు

నుండి నేర్చుకోవడం ద్వారా, శాస్త్రవేత్తలు మరింత సమర్థవంతమైన సోలార్ సెల్లను రూపొందించగలిగారు.

- కొత్త రకాల వైద్య చికిత్సలు: ప్రకృతిలో, జీవులు అనేక రకాల వైద్య సమస్యలను పరిష్కరించడానికి ఉపయోగించే అనేక రకాల రసాయనాలను ఉత్పత్తి చేస్తాయి. ఈ రసాయనాల నుండి నేర్చుకోవడం ద్వారా, శాస్త్రవేత్తలు కొత్త రకాల వైద్య చికిత్సలను రూపొందించగలిగారు.

బయోమిమిక్రీ యొక్క ప్రయోజనాలు

బయోమిమిక్రీ అనేక ప్రయోజనాలను కలిగి ఉంది. ఇది:

- నవీకరణకు దారితీస్తుంది: బయోమిమిక్రీ ప్రకృతి యొక్క సృజనాత్మకత మరియు సమర్థత నుండి నేర్చుకోవడానికి ఒక మార్గాన్ని అందిస్తుంది. ఇది మానవ-తయారు చేయబడిన ఉత్పత్తులు మరియు వ్యవస్థలను మెరుగుపరచడానికి మరియు కొత్త ఆవిష్కరణలకు దారితీయడానికి సహాయపడుతుంది.

చిత్రం: జీవిత కోడ్

పరిచయం

ఈ చిత్రం జీవిత కోడ్‌ను సూచిస్తుంది, ఇది జీవులను సృష్టించడానికి మరియు నిర్వహించడానికి బాధ్యత వహించే సూత్రాలు లేదా నియమాల సమితి. చిత్రం యొక్క ముఖ్యమైన అంశాలు:

- స్పైరల్ మెట్లు: స్పైరల్ మెట్లు జీవిత కోడ్ యొక్క స్వభావాన్ని సూచిస్తాయి. DNA పుంజాలు స్పైరల్ ఆకారంలో ఉంటాయి, ఇవి జీవిత కోడ్ యొక్క అంతర్గత సమగ్రత మరియు సంక్లిష్టతను సూచిస్తాయి.

- నక్షత్రాల రాత్రి ఆకాశం: నక్షత్రాల రాత్రి ఆకాశం విశ్వం యొక్క రహస్యాలను సూచిస్తుంది. జీవిత కోడ్ విశ్వం యొక్క ఏదో ఒక రహస్యాన్ని కలిగి ఉందని ఈ చిత్రం సూచిస్తుంది.

చిత్రం యొక్క వివరణ

చిత్రం యొక్క మధ్యలో, స్పైరల్ మెట్లు రెండు DNA పుంజాలను కలుపుతాయి. ఈ పుంజాలు విశ్వం యొక్క రహస్యాలను కలిగి ఉన్నాయని చిత్రం సూచిస్తుంది. స్పైరల్ మెట్లు ఈ రహస్యాలను కలిగి ఉన్న ఒక రకమైన కమ్యూనికేషన్ లేదా అంతర్గత శక్తిని సూచిస్తాయి.

చిత్రం యొక్క నేపథ్యంలో, నక్షత్రాల రాత్రి ఆకాశం ఉంది. ఈ ఆకాశం విశ్వం యొక్క విశాలత మరియు శక్తిని సూచిస్తుంది. జీవిత కోడ్ విశ్వం యొక్క ఈ రహస్యాలను కలిగి ఉండటం ద్వారా, ఇది విశ్వం యొక్క భాగం అని చిత్రం సూచిస్తుంది.

చిత్రం యొక్క అర్థం

ఈ చిత్రం జీవిత కోడ్ యొక్క ప్రాముఖ్యతను మరియు దాని గురించి మనం ఇంకా తెలుసుకోవలసిన చాలా ఉన్నాయని సూచిస్తుంది. ఈ చిత్రం జీవిత కోడ్ యొక్క స్వభావం మరియు దాని యొక్క విశ్వంతో సంబంధం గురించి ఆలోచించడానికి ప్రేరేపించేది.

చిత్రం యొక్క ప్రాముఖ్యత

ఈ చిత్రం జీవిత కోడ్ గురించి మరింత తెలుసుకోవాలనే మానవ శోధనకు ప్రతీకగా నిలుస్తుంది. ఇది మన ప్రపంచం మరియు మన స్వంత స్వభావం గురించి మన అవగాహనను మెరుగుపరచడానికి సహాయపడే శక్తివంతమైన సాధనం.